青年学者文丛

北京市社会科学基金青年项目"新业态从业人员职业伤害法律保障研究"
（项目编号：22FXC020）的阶段性成果

新业态职业伤害保障的
原理与制度

雷杰淇　著

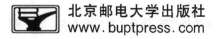

北京邮电大学出版社
www.buptpress.com

内 容 简 介

新业态的快速发展为我国社会经济注入了新动能,并催生了如外卖骑手、网约车司机、网约配送员、带货主播等新型职业。与传统劳动者相比,新业态从业人员面临的工作伤害风险更高。因此,新业态从业人员的职业伤害保障成为近年社会法学重要的研究课题。本书首先对与新业态相关的前提性概念进行了辨析,并梳理了新业态职业伤害保障的基础理论;其次分析了目前我国新业态从业人员职业伤害保障面临的困境,并对困境的成因进行了讨论;最后剖析了已经形成和正在尝试的几种保障模式的优势和弊端,并对未来新业态从业人员的职业伤害保障方案提出建议。

图书在版编目(CIP)数据

新业态职业伤害保障的原理与制度 / 雷杰淇著.
北京 : 北京邮电大学出版社,2024. -- ISBN 978-7
-5635-7311-0

Ⅰ. X92

中国国家版本馆 CIP 数据核字第 20243YR970 号

策划编辑:姚 顺   责任编辑:廖 娟   责任校对:张会良   封面设计:七星博纳

出版发行:北京邮电大学出版社

社　　址:北京市海淀区西土城路 10 号

邮政编码:100876

发 行 部:电话:010-62282185   传真:010-62283578

E-mail:publish@bupt.edu.cn

经　　销:各地新华书店

印　　刷:保定市中画美凯印刷有限公司

开　　本:720 mm×1 000 mm　1/16

印　　张:6.5

字　　数:116 千字

版　　次:2024 年 8 月第 1 版

印　　次:2024 年 8 月第 1 次印刷

ISBN 978-7-5635-7311-0   定价:42.00 元

前　言

随着物联网、大数据、云计算等信息技术的产生,人类社会迎来了第六次信息技术革命的浪潮,以新业态为内容的社会经济活动由此出现。新业态高度依托现代互联网技术,在现有产业的基础上,实现了资源的跨界整合与经营模式的创新。新业态的高速发展促成了劳动者就业方式及工作模式的深刻转变,外卖骑手、网约车司机、网约配送员、带货主播等新型职业的出现,创造了数以亿计的就业机会。然而,新业态从业人员的职业伤害保障却面临着较大困难。一方面,新业态用工为一种新型的用工关系,与传统的雇佣关系存在着一定区别,难以被认定为劳动关系,这使新业态从业人员无法被纳入工伤保险的保障范围,而在现有的社会保障体系中,也并无其他可以应用的制度;另一方面,新业态从业人员主要集中于劳动密集型产业,在工作中受到意外伤害的风险较高,其职业伤害保障的需求与传统劳动者相比只多不少,商业保险的功能定位与固有缺陷注定其无法承担职业伤害保障的责任。

党的二十大报告提出:"完善促进创业带动就业的保障制度,支持和规范发展新就业形态。健全劳动法律法规,完善劳动关系协商协调机制,完善劳动者权益保障制度,加强灵活就业和新就业形态劳动者权益保障。"构建适合我国国情的新业态从业人员职业伤害保障制度,将是未来社会保障工作的重中之重。马克思曾说过:"生产者的权利是同他们提供的劳动成比例的;平等就在于以同一尺度——劳动——来计量。"在整个人类社会中,分配公平的标尺应当是"劳动",即付出劳动的社会成员就应当享受社会发展的成果,付出的劳动越多,享受的成果就越多。新业态从业人员作为付出劳动的社会成员,理应共享我国经济社会的发展成果。健全新业态从业人员的职业伤害保障体系,则是解除其后顾之忧、保障其正常生活的基本要求。近年来,许多省区市在新业态职业伤害保障方面进行了多种多样的尝试,为今后的工作提供了宝贵的经验。人们虽然在理论与实践方面均进行了有益的研究与探索,但是在概念界定、价值导向、路径选择等方面仍存在较多争议。对这些问题的梳理与探讨,有助于新业态从业人员职业伤害保障制度的建立与完善。

作 者

目　录

第一章 新业态职业伤害保障的基本原理

一、相关概念的解析

（一）新业态的含义

在全球新一轮科技革命和产业变革中,互联网与各领域的融合发展具有广阔前景与无限潜力,正对各国经济社会的发展产生着战略性和全局性的影响。互联网经济的迅速发展催生出新的商业发展形态,"新业态"的表述开始出现在社会视野之中。《现代汉语词典》(第7版)将"业态"一词解释为"业务经营的形式、状态",与此相应,"新业态"一词可以解释为新型业务经营的形式与状态。

我国政府部门首次对新业态作出界定是在《新产业新业态新商业模式统计监测制度(试行)》中,该文件由国家统计局于2017年7月正式发布,总说明部分指出,"新业态指顺应多元化、多样化、个性化的产品或服务需求,依托技术创新和应用,从现有产业和领域中衍生叠加出的新环节、新链条、新活动形态。具体表现为:一是以互联网为依托开展的经营活动;二是商业流程、服务模式或产品形态的创新;三是提供更加灵活、快捷的个性化服务。"

通过以上内容可以看出,新业态具有如下特点。

第一,新业态是从新的产品和服务需求中衍生出的新商业形态。这种新商业形态以产品和服务的创新为核心要素,既包括第三产业中的新兴产业,如互联网+、电子商务、物联网、云计算等,也包括第二产业中的智能制造、大规模的定制化生产等,还涉及第一产业中有利于推进适度规模经营的家庭农场,股份合作制,农村第一、二、三产业融合发展等情况。①

第二,新业态以互联网为依托开展经营活动。这种经营活动以互联网技术为核心,以新型消费为基础。"从供给端表现为厂商提供的新模式,例如柔性生产、前置仓、无接触配送等,体现在新生产、新研发、新流通和新职业等方面;从需求端表现为满足顾客的新服务,例如社群营销、人脸支付、直播带货等,体现在新体验、新匹配、新场景、新支付等方面。"②

第三,新业态以提供个性化服务为导向。社会经济的快速发展极大地丰富了人类的物质生活条件,消费者的个性化需求越发强烈,此种个性化需求直接促使企业改进原有的生产方式。随着互联网渗透率的不断上升,利用互联网平台,能够更加及时有效地将消费者的需求传达给生产厂商,生产厂商能够针对消费者的需求设计并生产出令他们满意的产品,使产品能够更加符合市场的需求,提高资源的利用效率。③

(二) 新业态从业人员的界定

近年来,"新业态从业人员"作为一个新名词经常被提及,但关于其内涵和外延却鲜有专门的研究。有学者认为,一般通过网上接单等方式承接工作任务,进入和退出的门槛较低,工作时间相对自由,劳动报酬根据平台确定的规则从消费者支付的费用中分成的是新业态从业人员。④ 也有学者认为,"互联网+"企业从业人员大致分为两类:一是稳定就业人员,即与企业签订劳动合同,按传统方式进行管理的人员;二是灵活就业人员,即工作时间灵活,与企业间为松散管理的人员,现称之为新业态从业人员。⑤ 人力资源社会保障部等八部门共同印发的《关于维护新就

---

① 赵联飞.新经济新业态对青年思想行为的影响[J].人民论坛,2022(16):34-37.
② 王强,刘玉奇.新型消费的理论认知、实践逻辑与发展研究[J].河北学刊,2022,42(5):155-167.
③ 汪伟.消费者个性化消费对产业结构的影响[J].北方经贸,2016(7):49-50.
④ 汪敏.新业态下劳动与社会保险政策的检视与选择[J].社会保障评论,2021,5(3):23-38.
⑤ 张军.新业态从业人员参加工伤保险难点及对策建议[J].中国医疗保险,2017(6):57-59.

业形态劳动者劳动保障权益的指导意见》(以下简称《新就业形态指导意见》)指出："本意见所指新就业形态劳动者是指依托互联网平台实现就业的网约配送员、网约车驾驶员、货车司机、互联网营销师等劳动者。"

本书认为,新业态从业人员是通过互联网等信息网络从事劳动并获得收入的劳动者,与传统的雇佣劳动者相比,其组织从属性弱化,工作时间与工作方式更加灵活。科学把握新业态从业人员的概念需要明确以下几点。

首先,新业态从业人员是广义上的劳动者。"劳动者"作为一个法律概念,有广义和狭义之分。通常,广义上的劳动者是指具有劳动权利能力和劳动行为能力的公民,新业态从业人员显然含于其中。《中华人民共和国宪法》序言部分指出:"在长期的革命、建设、改革过程中,已经结成由中国共产党领导的,有各民主党派和各人民团体参加的,包括全体社会主义劳动者、社会主义事业的建设者、拥护社会主义的爱国者、拥护祖国统一和致力于中华民族伟大复兴的爱国者的广泛的爱国统一战线,这个统一战线将继续巩固和发展。"狭义上的劳动者一般指《中华人民共和国劳动法》中的劳动者。《中华人民共和国劳动法》以劳动关系为调整关系,以规范劳资双方的权利和义务为主要内容。"对于在不同层面使用的劳动者概念,唯有以劳动关系为基础的劳动者概念具有可使用的法律意义,而劳动力市场上的劳动者尽管在基本法中反复使用,却在权利、义务的构建中转化为求职者、失业者等概念。"① 由于组织方式与传统劳动关系存在较大区别,新业态从业人员在多数情形下不属于标准劳动关系。"任何形式的劳动用工和经济实体都是作为生产要素的劳动力与生产资料(劳动条件)的结合。"② "本人劳动力＋他人生产资料(劳动条件)"的模式属于标准劳动关系,而新业态从业人员多为"本人劳动力＋本人生产资料/部分他人生产资料(劳动条件)"的模式。

其次,新业态从业人员的劳动权③应当获得法律的保障。劳动权是广义上的劳动者所享有的权利,主要包括就业权和社会保障权。劳动权从权利属性上看,不仅是生存权,亦是发展权。"所谓生存权,就是人为了像人那样生活的权利。所谓像人那样生活,就是说人不能像奴隶和牲畜那样生活,生存权是保全作为人的尊严

---

① 李海明.论劳动者的法律界定[J].社会法评论,2011,5:39-68.
② 王全兴,王茜.我国"网约工"的劳动关系认定及权益保护[J].法学,2018(4):57-72.
③ 此处的劳动权为广义上而非狭义上的,关于本书中劳动权概念的界定在基础理论部分会详述。

而生活的权利。"①所谓发展权是公民可以自由参与社会、经济、政治、文化的发展并享受发展所带来的利益,并促进自身进步的权利。生存权和发展权是首要的基本人权,劳动者的劳动权需要国家法律的平等保护,不应因是否属于标准劳动关系而有所区别。

最后,新业态从业人员的组织方式与传统雇佣劳动者的相比存在差异,但劳动的本质并未改变。马克思在《资本论》的第五章中提出,劳动首先是人和自然之间的过程,是人以自身的活动来引起、调整和控制人和自然之间的物质变换过程。劳动创造了人类社会,人们为了生存就必须去劳动以获得物质生活资料。劳动者之所以应当得到保护不是因为其特殊的身份,而是因为在劳动的过程中人类结成一定的社会关系才产生了社会,保护劳动者就是保护我们整个社会赖以存在的基础。不论新业态从业人员与平台之间是从属劳动关系、独立劳动关系,还是部分从属劳动关系,其劳动的本质与核心并未改变。

(三) 社会保障的概念

社会保障(Social Security)是国家通过法律对社会成员因年老、体弱、生病、生育、残疾、死亡、遭遇意外等导致生活困难时,给予物质帮助,保障社会成员的基本生活。社会保障起源于近代欧洲,一般认为,19 世纪 80 年代德国俾斯麦政府实行社会保险立法是社会保障制度的开端,并在此后不断发展。"社会保障"一词最早出现于 1935 年美国的《社会保障法》中,后陆续被多国法律采用。1952 年,国际劳工大会通过了《社会保障最低标准公约》(第 102 号),该公约规定了社会保障的最低标准和基本原则,将社会保障制度推向全世界。

我国目前的社会保障制度主要包括以下两方面内容:一是完全由国家财政支撑的项目,包括对社会弱势群体的救助、对军人及军烈属的优抚安置、为无依无靠的孤老残幼以及社会大众举办的社会福利,这些属于国民收入再分配的范畴,体现了社会公平;二是由用人单位、职工个人缴费,国家给予适当补助的三方共同筹资的项目,包括养老保险、医疗保险、工伤保险、失业保险、生育保险等,这些属于社会

---

① 三浦隆.实践宪法学[M].李力,白云海,译.北京:中国人民公安大学出版社,2002:158.

保险的范畴,既体现了公平与效率,又注重权利与义务的结合。[①]

社会保障具有以下特征。

1. 社会性

社会保障出现的重要原因是,工业社会中普遍存在着各种社会风险,仅靠个人的力量无法化解这些风险,必须借助于社会的力量将风险分解并分担,以保证社会成员的基本生活。社会保障的社会性主要表现为其保障会广泛地惠及全体社会成员。全体社会成员平等地享有法律确定的社会保障各项权利,不因其性别、年龄、民族、文化程度等而有所区别。在义务方面,社会保障的义务也由全社会承担。社会中的不同主体都共同承担社会保障的义务,共担风险,共同筹措社会保障基金。[②]

2. 强制性

社会保障需要通过立法加以实施,由于法律是具有强制力的社会规范,因此社会保障不可避免地带有强制性。对于涉及全体社会成员基本权益保障的内容,社会保障立法强制规定了国家、企业、社会组织、个人等主体应当履行的义务。各义务主体无论自由意志如何,均需严格按照法律的规定执行社会保障的各项内容。社会保障的强制性是社会保障制度得以存续的基础,亦是社会保障以社会整体利益为本位的体现。即使社会保障税费的缴纳使得部分主体所得减少,但出于对社会整体利益的考量,只有采取强制性的法律手段才能保证社会保障制度的正常运行。

3. 互助性

互助在社会生活中表现为强者对弱者的帮助与扶持,这不仅是社会公平的体现,也是人性的展示。古语云:"公则四通八达,私则一偏而隅。"[③]古罗马哲学家西塞罗也曾说过:"公正的原则必须贯彻到社会最底层"。正所谓"不患寡而患不均",公平是民生的"帝王原则",在关涉社会成员切身利益的领域,公平正义的价值导向必须放在首位。社会保障所要解决的均是社会成员最关心、最迫切、最基本的问

---

① 林嘉.劳动法和社会保障法[M].北京:中国人民大学出版社,2011:264.
② 黎建飞.劳动与社会保障法:原理、材料与案例[M].北京:北京大学出版社,2017:153.
③ 出自明·薛瑄《从政名言》。

题,社会主体之间的互相帮助使身处困难者能够获得社会的关怀,体现社会的公平正义。

(四) 职业伤害保障的内涵

职业伤害一般指工作中的危险因素给劳动者造成的身体和健康方面的损害。职业伤害保障是对遭受职业伤害的劳动者或其亲属给予物质帮助和经济补偿的一种社会制度。产业革命时期,资本家对雇佣工人的极致剥削导致工业事故频发,严重危害了劳动者的生命与健康。工人阶级为了自身的生存,自发团结起来同资本家进行斗争。资本家意识到对劳动力的破坏性使用会中断劳动力的再生产,最终导致劳资双输的局面,因此被迫采取了一些保护和补偿雇佣工人的措施,这就是最早的职业伤害保障。20 世纪以来,科学技术的迅速发展创造了许多新职业,也带来了新的职业风险。为了进一步减少工业事故,降低职业伤害对劳动者的负面影响,世界各国纷纷实行职业伤害保障制度,从而保护劳动力的再生产,促进社会的和谐稳定。

职业伤害保障从内容上来看,包括事前的职业伤害预防和事后的职业伤害医疗救治、经济补偿、职业康复等;从形式上来看,工伤保险毫无疑问是最主要的制度。工伤保险是基于对工伤劳动者的责任赔偿而设立的一种社会保险,它由用人单位承担全部赔偿责任,劳动者不承担保险费用的缴纳义务,其赔偿遵循无过错责任原则。工伤保险的主要功能是通过对工伤劳动者及其家庭提供医疗照顾、生活保障和经济补偿,减轻工伤劳动者所受到的经济上的损害,并减轻用人单位的负担。[①] 工伤保险由国家通过立法来强制实施,在职业伤害保障方面起到极其重要的作用。

诚然,工伤保险是职业伤害保障最重要的内容,但我国现行工伤保险制度以存在劳动关系为前提,其保障范围仅能覆盖标准劳动关系中的劳动者。主体性判断标准导致大量新业态从业人员被排除在外。同时,由于工伤保险税费由用人单位承担,而新业态从业人员的用人单位通常并不明确,直接导致了缴费困难。2021年,人社部等八部门共同印发的《新就业形态指导意见》明确提出:"强化职业伤害

---

① 王全兴.劳动法[M].北京:法律出版社,2008:392.

保障,完善劳动者诉求表达机制。"2022年的《政府工作报告》强调:"加强灵活就业服务,完善灵活就业社会保障政策,开展新就业形态职业伤害保障试点。"职业伤害保障是内涵与外延都更加广泛的概念,只要实际上能够起到职业伤害保障作用的项目都可以涵盖其中,不拘泥于制度形式。关于职业伤害保障的内容,有学者认为应当包括典型用工模式中的工伤保险和非典型用工模式中的职业伤害保险两种。前者保障的是标准劳动关系中的劳动者,后者保障的是非标准劳动关系中的新业态从业人员。①

二、新业态从业人员职业伤害保障的基础理论

(一)劳动从属性理论

1. 从属性理论

最早提出在市场条件下工人与资本家之间为"从属关系"的是马克思。马克思揭示了以资本为中心的市场化劳动关系中劳动的从属性或从属劳动的特质,从属劳动的理论由此成为劳动法理论构建的基础理论和基础概念。② 劳动过程的实现需要生产资料与劳动力的结合,资本主义生产方式的特点所导致的劳动者与雇主——劳动关系两大主体之间地位的从属性使这一结合过程在资本主义的发展历程中呈现非正义的状态,集中表现为劳动作为人的自由被不当地剥削或限制。③ 在世界范围内,德国法学界最早提出以劳动从属性理论为基础来构建劳动法理论体系。德国劳动法以是否具备从属性为标准严格区分民事雇佣契约和劳动契约。日本的劳动法理论主要引进自德国,从属劳动亦成为日本劳动法上的基本理论和基础概念。日本虽然存在着从属劳动的不同学说,如人格从属性、经济从属性、组

---

① 苏炜杰.我国新业态从业人员职业伤害保险制度:模式选择与构建思路[J].中国人力资源开发,2021(3):74-90.
② 常凯.论个别劳动关系的法律特征—兼及劳动关系法律调整的趋向[J].中国劳动,2004(4):14-17.
③ 曹燕.从"自由"到"自由":劳动法的理论缘起与制度变迁[J].河北法学,2007(10):109-114.

织从属性、阶级从属性等,但以从属劳动作为研究的出发点或结论则是日本劳动法学界的共识。①

世界各国的劳动法学界虽然普遍使用"从属性"的概念,并多以这一概念为支点构建本国的劳动法理论,但对于劳动从属性的具体内容却存在着不同观点。具有代表性的观点有"人格从属性＋经济从属性"的两要素说和"人格从属性＋经济从属性＋组织从属性"的三要素说,此外还有阶级从属性、技术从属性等学说。②

日本学者多采用三要素说,认为从属性理论的基础由"人的从属性＋经济的从属性＋组织的从属性"构成。详而言之:"人的从属性"是指"在实行劳动的过程中,劳动者处于服从雇主支配的地位,同时劳动时间、地点、内容等由雇主单方决定";"经济的从属性"是指"劳动者的经济社会地位以及签订契约时契约内容的被决定性";"组织的从属性"是指"劳动者从属于企业的组织体系中,其劳动力地提供为企业运营必不可缺的部分"。③

德国法学界的主流观点是遵循人格从属性的判断标准,同时补充了组织从属性的判断标准,如雇员融入了雇主的组织,在雇主的指挥下工作。④ 两者相比,在雇主的指挥下工作是一个更为重要的判断标准,因为如果劳务提供者在工作时间、工作地点、工作内容和具体履行方式等方面都听从劳务受领者的指挥,那么他们之间无疑存在劳动关系。⑤

我国台湾省学者多采用两要素说,认为劳动从属性由"人格从属性＋经济从属性"构成。"人格从属性"是指"除法律、团体协约、经营协定、劳动契约另有规定外,在雇主的指挥命令下,由雇主单方决定劳动场所、时间、种类等"。⑥

多年来,劳动法学界的主流观点一直认为人格从属性是劳动关系最核心的特征,司法实践亦将人格从属性作为判定劳动关系的重要标准。一方面,因为劳动契约与一般民事契约相比较,人身属性突出,因此人格从属性就成为重要的区分依据;另一方面,标准劳动关系是劳动关系的典型和理想状态,在标准劳动关系中,劳

---

① 苏炜杰.我国新业态从业人员职业伤害保险制度:模式选择与构建思路[J].中国人力资源开发,2021(3):74-90.

② 田思路.工业4.0时代的从属劳动论[J].法学评论,2019(1):76-85.

③ 片冈升.现代劳动法的展望[M].东京:岩波书店,1983:43-47.

④ 王倩.德国法中劳动关系的认定[J].暨南学报(哲学社会科学版),2017(6):40-48.

⑤ 同上.

⑥ 黄程贯.劳动法[M].台北:空中大学印行,2001:63.

动力通常只与一个用人单位的生产资料相结合,形成的是单重劳动关系。劳动者只服从一个用人单位的指示进行工作,人格从属性、经济从属性、组织从属性皆明显。随着社会的不断发展,新的就业形态不断出现,在全日制用工的标准劳动关系之外,非全日制用工的就业形态出现了。在非全日制用工中,劳动者每日在同一用人单位的工作时间较短,因此可以与多个用人单位订立劳动合同,建立多重劳动关系,对单个用人单位的人身依附性降低,人格从属性弱化。

2."从属性"的修正

新经济形态的迅猛发展不仅催生出了新的就业形态,也吸引了数量众多的新业态从业人员。然而,由于新业态从业人员并未将本人劳动力与用人单位的生产资料相结合,在"人格从属性"标准的约束下,新业态从业人员与平台企业建立的用工关系难以被判定为劳动关系,新业态从业人员无法成为工伤保险制度的保障对象。人格从属性标准成为新业态从业人员获得职业伤害保障的最大障碍。对此,有学者认为:"即使从业者没有人格从属性,但被认为存在经济从属性时,可以较为广泛地对符合劳动契约目的的法律规定加以使用,并提供与该从属性程度相对应的一定的法律保护。总之,固守原来的劳动者和自营业者的两分法,无视灵活就业的增加和从属性的弱化的现实发展,就会使从属劳动的领域日趋萎缩,导致劳动法的调整功能出现障碍。"[1]也有学者主张从现行劳动法对非全日制用工的界定入手,如果新业态从业人员能够突破现行非全日制用工每日 4 小时、每周 24 小时的工作时间,就可以认定其达到了经济从属性的要求。在此基础上,我们完全可以探讨基于经济从属性的标准构建新业态从业人员劳动权益保障制度的可能性。[2]

有学者认为:"尽管新业态具有劳动条件无形化、工作岗位虚拟化、职场空间远程化等新特点,只要平台企业与新业态从业人员之间存在从属性和继续性的用工事实,就足以否定'非劳动关系'的事实。由于在实践中,新业态从业人员的劳动成果多为服务而非产品,平台企业即使给予其较多的行为自由,但对于其服务质量的控制必不可少,而对服务质量的控制与对劳动行为的控制本就难以区分,因此从属

---

① 苏炜杰.我国新业态从业人员职业伤害保险制度:模式选择与构建思路[J].中国人力资源开发,2021(3):74-90.

② 娄宇.新业态从业人员专属保险的法理探微与制度构建[J].保险研究,2022(6):99-114.

性必然存在,只是程度不同和有无继续性而已。"①如果想将新业态从业人员纳入现行工伤保险的保障范围,最便捷的方法是对从属性理论进行修正,扩大劳动法的调整范围。也有学者提出了不同观点:"劳动关系必须以人格从属性为本质,区别于其他法律关系,这是劳动法大厦的基石,不可因数量有限的新就业形态而轻言改变。劳动法学理之重点应是围绕从属性进一步形成共识,并在此基础上编制从属性指标体系,继而将学界通说转化为司法裁判指引,从根本上减少分歧和误解。"②

(二) 艾哈德的社会福利理论

第二次世界大战之后,联邦德国的经济在二十年间迅速发展,国民生产总值连翻数倍,创造了"经济奇迹"。其中,著名的经济学家、社会学家、政治学家路德维希·艾哈德(Ludwig W. Erhard)功不可没。当时的北欧国家多推行"福利国家"政策,而艾哈德则提出了"全民福利"的社会保障制度。他认为,社会保障代表着社会的公正与安全,是为了使因年老、疾病或者在两次世界大战中不幸残疾而再也不能直接参加生产的人们都有适当的生活保障。艾哈德进一步提出,国家必须促进经济的发展,因为社会福利费用的大幅上涨,如养老金制度的改革,没有经济发展是不可能实现的。只有经济增长才能保证即使是贫困阶级也能越来越多地从社会发展中受益。③ 同时,艾哈德认为,社会成员获取各项社会福利最有效的手段是竞争,强调社会福利水平的整体提升应该是从竞争中获得的。在社会主义市场经济下,竞争能够促进经济的发展,每个社会成员在作为消费者时会从市场竞争中受惠,而且可让并非直接由于生产力提高而出现的所有优势都得到发挥。④

艾哈德一再强调必须将"蛋糕"做大,他认为解决问题的办法不是分配,而是增加国民收入。只注重分配问题就会导致错误地出现——分配的数量超过了国民经济所能产生的。在社会保险的限度方面,艾哈德指出,社会有责任注意老年人和那些非因自己过错而遭到损失的人的安全。从社会的角度来看,不应当区别对待。

① 王全兴,王茜.我国"网约工"的劳动关系认定及权益保护[J].法学,2018(4):57-72.
② 王天玉.超越"劳动二分法":平台用工法律调整的基本立场[J].中国劳动关系学院学报,2020(4):66-82.
③ 路德维希·艾哈德.大众福利[M].祝世康,穆家骥,译.北京:商务印书馆,2017:59-61.
④ 雷咸胜.经济发展、主体责任与社会福利——来自艾哈德社会福利思想的启示[J].社会福利(理论版),2019(7):24-27.

老年工人和老年公司职员应当同自由职业者、独立工人、本地人和外来难民一样，得到平等的帮助。① 但艾哈德也认为，个人需要通过自身的努力来增进个人福利，从而减轻对他人的依赖，自我负责是人的本性和良心使然。如果每个人都只想从集体中获得福利，高度依赖集体生活的保障，而忘记了个人应当承担的责任，那么国家和社会又应当去哪里获取资源以保障个体的生活需求呢？②

不可否认，艾哈德的社会福利理论有其时代局限性，但仍然有许多值得我们学习、借鉴的观点和论断。一方面，从社会保险的发展历史可以看出，社会保险本就是为了应对工业社会的各种风险而出现的一种化解风险的机制。社会中的每个人都需要劳动也都在劳动着，工作当中所出现的各种风险尤其是职业伤害风险不是个人问题而是群体问题。社会中的每一个劳动着的人，不论年龄、性别、身体状况、学历、民族等差异，均应该获得平等的帮助和救济。这为我们解决新业态从业人员的职业伤害保障问题提供了新的思路——与其纠结工伤保险是否应当与劳动关系解绑，不如探索一条由更广泛社会主体参与的新业态从业人员职业伤害保障之路。社会保障和社会福利建立的初衷本就是分担全体社会成员面临的风险，让社会发展的成果由全体社会成员共同享有。因此，广泛的覆盖性毫无疑问是社会保障制度的核心要义。新业态从业人员作为数量庞大的社会群体，对维系社会的正常运行起着不可替代的作用，其职业伤害保障的需求亦应当得到社会的回应和满足。另一方面，社会保障覆盖范围的扩大和社会福利整体水平的提高，的确需要坚实的经济基础和良好的经济发展作为支撑，这对于促进我国现今的社会发展具有启示意义。我们希望社会保障能够惠及社会中的每一个人，社会保障的支付水平能够使每一个遭遇风险的人都得到足够的帮助和救济。现阶段，对于中国这样一个地域辽阔、国情复杂的发展中国家来说，将"蛋糕"做大是前提条件。习近平总书记在2022 年世界经济论坛视频会议的演讲中指出："'国之称富者，在乎丰民。'中国经济得到长足发展，人民生活水平大幅提高，但我们深知，满足人民对美好生活的向往还要进行长期艰苦的努力。中国明确提出要推动人的全面发展、全体人民共同富裕取得更为明显的实质性进展，将为此在各方面进行努力。中国要实现共同富裕，但不是搞平均主义，而是要先把'蛋糕'做大，然后通过合理的制度安排把'蛋

---

① 路德维希·艾哈德.大众福利[M].祝世康,穆家骥,译.北京:商务印书馆,2017:286-365.

② 雷咸胜.经济发展、主体责任与社会福利——来自艾哈德社会福利思想的启示[J].社会福利(理论版),2019(7):24-27.

糕'分好,水涨船高、各得其所,让发展成果更多更公平惠及全体人民。"

(三)劳动权理论

在人类的历史上,生产劳动最初来源于人的生存需要。在古猿进化到人的过程中,劳动起到了决定性的作用。恩格斯说过:"劳动创造了人本身。"据此可以认为,人是劳动中的人,人类的发展史就是劳动的发展史。劳动能够上升为一种权利而存在有赖于以下条件。一是生产力的发展。在社会生产力低下时,劳动只是人们谋生的手段,对于人们来说这是一种无奈而又必须的选择,也就不存在劳动和权利相结合的经济基础。因此,劳动能够上升为一种权利,生产力的发展是必须具备的条件。二是权利意识的提高。没有权利意识的觉醒就没有权利的需求,没有一种普遍而强烈的权利需求,就不可能促使权利从自然法和道德层面上的应然状态转化为法定状态。三是自由主义精神的转变。19 世纪中期,自由主义的侧重点发生了变化,由画地为牢式的消极自由转化为个人积极参与的积极自由。此种转变促使劳动成为权利,并得到了国家的承认。[①]

在人类历史发展的很长一段时间里,劳动权的概念都未曾出现,身份的束缚是最重要的原因。以家族为单位,以家天下为传承的社会结构,导致人缺乏独立的主体地位。英国法学界亨利·詹姆斯·萨姆纳·梅因(Henry James Sumner Maine)认为:"所有进步社会的运动在有一点上是一致的,在运动发展的过程中,其特点是家族依附的逐步消灭以及代之而起的个人义务的增长。'个人'不断地代替了'家族'成为民事法律所考虑的单位……用以逐步代替源自'家族'各种权利义务上那种相互关系形式的……关系就是'契约'……可以说,所有进步社会的运动,到此处为止,是一个'从身份到契约'的运动。"[②]这种"从身份到契约"的转变将人视为独立而平等的个体,不再是任何附属品,促进了权利与自由的实现。劳动权最早得到承认是在 1848 年法国政府颁布的一项指令中,但遗憾的是不久就被废除了。1919 年,德国的《魏玛宪法》规定了工作权,将"自由营生"作为法定权利加以保护,同时对劳动者与企业主之间的权利进行了规定,劳动权作为一项基本权利获得了宪法的

---

① 冯彦君.劳动权论略[J].社会科学战线,2003(1):167-175.
② 梅因.古代法[M].沈景一,译.北京:商务印书馆,1996:96-97.

肯定。

　　自《魏玛宪法》后,在世界各国的宪法中陆续出现了工作权,劳动不再仅仅是人们谋生的手段,更是一项合法的权利。劳动权作为一个严格的法律概念,是指劳动者所享有的特定角色权益。一般权利概念所具有的各种内涵,劳动权都具有。可以说,劳动权是一种与劳动相关联的利益、自由、资格和能力。[①] 劳动权有广义和狭义之分,广义劳动权说认为:"劳动权是指劳动者个人或团体所享有的,以就业权、结社权(团结权)为核心的,因劳动而产生或与劳动有密切联系的各项权利的总称,是属于社会权范畴的一类权利。"[②]狭义劳动权说则认为:"劳动权是指具有劳动能力,达到法定就业年龄的劳动者有获得劳动机会的权利。"[③]日本和德国都有劳动权的概念,但内涵有所不同。日本的劳动权主要是狭义上的,指获得就业机会和职业选择的权利。德国的劳动权通常是广义上的,包括工作权、请求劳动报酬权、休息休假权等各项法定权利。

　　从权利的价值功能来看,广义的劳动权更有利于解决劳动权益保障的现实问题。因此,在法学研究上应当将劳动权厘定为内涵和外延都相对确定的劳动法学的核心概念。可以认为,劳动权包括与劳动紧密关联的劳动者的全部劳动权利。从外延上看,将劳动权视为劳动权利的简称也未尝不可。从性质上来看,劳动权在《中华人民共和国宪法》和《中华人民共和国劳动法》中有明确规定,亦有《中华人民共和国劳动法》和《中华人民共和国刑法》等法律予以保障,因此属于法定权利。从内容和结构上来看,劳动权是由一系列具体权利所组成的权利束,各项具体劳动权按照一定的分工紧密结合,发挥劳动权权利系统的合力。详而言之,劳动权在内容上主要包括工作权、报酬权、休息休假权、职业安全权、职业培训权、民主管理权以及团结权。[④] 在职业安全权谱系中,职业伤害保障处于中心位置,新业态的职业伤害保障更是学界目前研究的重点与难点。

　　从权利属性上来看,劳动权既是生存权,又是发展权。生存权作为首要的和基本的人权,主要包括两方面的内容。一是生命权。生命权是人最基本的权利,是享有其他一切权利的基础和前提。生命权的重要性不证自明,它是人生来就拥有的

---

①　冯彦君.劳动权论略[J].社会科学战线,2003(1):167-175.
②　许建宇.劳动权的界定[J].浙江社会科学,2005(2):59-65.
③　郭捷,刘俊,杨森.劳动法学[M].北京:中国政法大学出版社,1997:65.
④　冯彦君.劳动权论略[J].社会科学战线,2003(1):167-175.

权利,无须国家赋予,无须他人认可。二是安全权。安全是个人和社会永恒的价值追求,所谓安全就是没有危险,在很多情况下安全是一种主观状态,强调主体的感受。《发展权利宣言》指出:"承认人是发展进程的主体,因此,发展政策应使人成为发展的主要参与者和受益者。"发展权主要指社会中的每一个人都拥有参与发展的权利,并能平等地享有发展的成果。"人的发展需要诸多先决条件,在人格独立、行为自由、闲暇获得、经济支持、社会促进等方面,劳动权都发挥着不可替代的保障功能。值得一提的是,在闲暇获得、经济支持和社会促进方面,劳动权的保障功能尤为突出。"①作为劳动权子权利的职业安全权缘起于劳动者缩短工作时间、提高劳动条件的强烈需要,在此后的发展中,所有的制度设计都围绕"劳动者生命与健康"这一中心主题。新业态的职业伤害保障是保护新业态从业人员生命与健康安全的重要议题,需要政策和法律强有力地回应。

(四) 物质帮助权理论

《中华人民共和国宪法》(以下简称《宪法》)第四十五条规定:"中华人民共和国公民在年老、疾病或者丧失劳动能力的情况下,有从国家和社会获得物质帮助的权利。国家发展为公民享受这些权利所需要的社会保险、社会救济和医疗卫生事业。"《宪法》第四十五条明确赋予了我国公民物质帮助权,行使权利的条件是年老、疾病或者丧失劳动能力。物质帮助权从权利的结构上看,属于积极行为请求权,既包含请求国家采取积极的事实行为满足公民物质帮助的需要,也包含防御国家及社会组织任意对公民获得物质帮助的资格和权利进行侵犯。② 从内容上看,物质帮助权可请求的内容不应局限于保障基本生活必需的"金钱",而应当是以能够保证适足生活水准为衡量标准的利益。这些利益不单纯是经济和物质层面上的,更是长久解决贫困的能力层面上的。同时,国家和社会所承担的义务内容不仅包括基础性的生存利益保障,而且更重要的是给予其提升个人"免于贫困"能力的各种机会和保障。③

物质帮助一般被认为是政府行为,国家通过特定的方式帮助社会成员克服困

---

① 冯彦君.劳动权的多重意蕴[J].当代法学,2004(2):40-45.
② 雷磊.法律权利的逻辑分析:结构与类型[J].法制与社会发展,2014(3):54-75.
③ 原新利,龚向和.我国公民物质帮助权的基本权利功能分析[J].山东社会科学,2020(2):156-160.

难,满足生活需要,联合国和世界上许多国家也都通过基本法确立了公民享有物质帮助权。联合国《世界人权宣言》第二十五条规定:"人人有权享受为维持他本人和家属的健康和福利所需的生活水准,包括食物、衣着、住房、医疗和必要的社会服务;在遭到失业、疾病、残废、守寡、衰老或在其他不能控制的情况下丧失谋生能力时,有权享受保障。"《经济、社会及文化权利国际公约》第九条规定:"本公约缔约各国承认人人有权享受社会保障,包括社会保险。"《俄罗斯联邦宪法》第七条规定:"俄罗斯联邦是社会国家,其政策目的在于创造保证人的体面生活与自由发展的条件。在俄罗斯联邦,人的劳动与健康受到保护,规定有保障的最低限度的劳动报酬,保证国家对家庭、母亲、父亲、儿童、残疾人和老年公民的支持,发展社会服务系统,规定国家退休金、补助金和社会保护的其他保障措施。"有学者认为,物质帮助权是社会保障制度的宪法本源,社会保障制度是物质帮助权的制度体现。要想使社会保障制度落到实处,政府应当从实现宪法基本权利的角度来把握。[①]

有学者认为,社会保险制度的宪法基础并不是所谓生命权和健康权,而是公民的获得物质帮助权。生命权和健康权固然是重要的权利,但是无法在宪法文本中找到直接依据,不宜被认定为宪法权利。事实上,"社会保险"被明文写入了《宪法》,作为国家保障公民获得物质帮助权的手段之一,这是社会保险制度再明确不过的宪法依据。[②] 从《宪法》第四十五条的表述可以看出物质帮助权的实现方式是:国家发展为公民享受这些权利所需要的社会保险、社会救济和医疗卫生事业。《宪法》在赋予公民物质帮助权的同时,也对国家提出了相应要求,以保障权利的实现。因此,从规范分析的角度,为新业态从业人员构建职业伤害保障体系是政府的一项义务。至于具体的保障方式,是单独设立职业伤害保险,还是沿用传统工伤保险,或者是采用其他新型保障方式,以及需要哪些社会主体参与进来、费用如何分担等一系列问题则需要更为详细的论证和制度设计。

习近平总书记在党的二十大报告中指出:"健全劳动法律法规,完善劳动关系协商协调机制,完善劳动者权益保障制度,加强灵活就业和新就业形态劳动者权益保障。"2022 年 4 月,习近平总书记在《求是》杂志发表的重要文章《促进我国社会保障事业高质量发展、可持续发展》中指出:"在充分肯定成绩的同时,我们也要看

---

①　冀睿.宪法物质帮助权的理论建构[J].河北理工大学学报(社会科学版),2011(6):36-39.
②　阎天.中国劳动法学的宪法观:成形、嬗变与展望[J].学术月刊,2022(2):103-112.

到,随着我国社会主要矛盾发生变化和城镇化、人口老龄化、就业方式多样化加快发展,我国社会保障体系仍存在不足,主要是:制度整合没有完全到位,制度之间转移衔接不够通畅;部分农民工、灵活就业人员、新业态就业人员等人群没有纳入社会保障,存在'漏保''脱保''断保'的情况;政府主导并负责管理的基本保障'一枝独大',而市场主体和社会力量承担的补充保障发育不够;社会保障统筹层次有待提高,平衡地区收支矛盾压力较大;城乡、区域、群体之间待遇差异不尽合理;社会保障公共服务能力同人民群众的需求还存在一定差距;一些地方社保基金存在'穿底'风险。对这些不足,我们必须高度重视并切实加以解决。"在未来的新业态职业伤害保障设计和制度构建上,必须坚持以习近平新时代中国特色社会主义思想为指导,认真研究贯彻落实习近平总书记的重要文章精神,立足我国国情和实际,构建具有中国特色的新业态职业伤害保障体系。

(五) 大数法则

人类社会自诞生时就面临着各种社会风险,如何分散这些风险从而降低对个体的冲击是一个重要问题。在现代社会中,财富的社会化生产与风险的社会化生产相伴而生。同时,稀缺社会资源的分配问题同工业与科技引发的风险问题在生产、消费的过程中叠合在一起。德国社会学家乌尔里希·贝克(Ulrich Beck)认为:"稀缺社会的财富分配逻辑开始向现代性的风险分配逻辑转变。在历史上,这至少与两个条件有关。正如今日所见,这种转变的实现首先在于真实的物质需求可以客观降低并脱离于社会的程度。这不仅有赖于人力和技术生产力的发展,也要依靠法制和福利国家的保障及调节。"[1]在经济学上,社会保险最重要的理论依据就是大数法则,大数法则又称"大数定律""平均法则",是概率论的基本理论之一。人们在长期的实践中发现,尽管个别的随机试验结果是随机的,但在大量试验中却呈现明显的规律性。在进行大量试验时,随机事件的频率具有稳定性,随机现象的平均结果一般也具有稳定性。例如,测量一个长度 a,一次测量的结果未必等于 a,但当测量的次数足够多时,算术平均值就会非常接近 a。这种稳定性现象可以理解为在大量试验时,随机性相互抵消,共同作用的平均结果趋于稳定。概率论中用来

---

① 贝克.风险社会:新的现代性之路[M].张文杰,何博闻,译.南京:译林出版社,2018:33-34.

阐明大量随机现象平均结果的稳定性的一系列定理,被称为大数法则。[①]

大数法则之于社会保险的意义在于其揭示了社会保险的一个重要规律:社会保险的覆盖范围越广,抵御风险的能力就越强。通常情况下,商业保险的价格基本按照大数法则来确定,社会保险也将大数法则作为重要的参考依据。通过统计学的方法来预测未来的风险可能造成的损失,将所有参保人员缴纳的费用整合起来建立保险基金,当发生保险事故时,将遭遇风险的被保险人的损失分摊给所有参保人,完成风险的分散负担。随着参保人数的不断增加,保险费的收入总额也将扩大,亦将更有能力满足当期需求或者应付不测事件。不过,需要注意的是,当期保险费收入的增长意味着未来给付需求的增加,随着参保的人越来越多,扩大覆盖面将不再是提高给付能力的主要手段。也就是说,"社会保险全覆盖"是"有效抵御风险"的必要条件而非充分条件。这种情况显然不能用大数法则来解释,或者说不遵从大数法则。合乎大数法则定义的表述应当是"社会保险覆盖范围越大,管理和控制风险的能力越强"。[②]

大数法则在保险制度发展的初期仅应用于商业保险,于社会保险中引入大数法则最早可以追溯到 19 世纪的西欧,并最终成为社会保险制度的直接渊源。19 世纪,德国的互助保险发展迅速,主要表现为带有雇主责任的互助保险。1876 年,普鲁士的 4 850 个工厂建立了互助保险性质的组织,其中 2 828 个工厂建立了工伤事故保险基金,同时还建立了疾病保险基金和救济基金。19 世纪中期,普鲁士矿工互助保险发展起来,这种保险由雇主与雇员共同缴费,名义上实行自愿保险原则,实际上大部分矿业企业互助保险都推行强制性保险。[③] 1911 年,德国通过了《雇员保险法》,该法案覆盖年收入在 2 000~5 000 马克的员工,规定雇员保险的费用由雇主和员工各承担一半。随着德国社会保险受益范围的扩大,参保的社会成员也越来越多,工伤保险的覆盖面得以扩展。工伤保险不仅适用于工作过程中受到的伤害,也适用于上下班途中遭遇的伤害。当被保险人遭遇工伤时,其子女有权领取相当于被保险人工伤保险津贴 10% 的补贴。1925—1929 年,德国纳入工伤保险的

① 张雁芳,王刈禾.概率论与数理统计[M].北京:人民邮电出版社,2015:43-44.

② 史寒冰.社会保险与大数法则[J].金融博览,2013(9):34-35.

③ 丁建定,张小屏.试论西欧社会保险制度的历史渊源及其现实启示[J].华中科技大学学报(社会科学版),2021(6):17-24.

职业病从 11 种增加至 21 种。①

　　有学者指出:"现代社会保障制度的基本特征是以社会保险制度为核心,从一定意义上说,社会保险制度导源于具有'互助共济'功能的各种传统措施,当这种互助共济组织运用商业保险的'大数法则'运行时就会产生互助保险,而当互助保险发展到一定程度,通过国家立法争取更大范围的'大数法则'以实现更加持续有效的'互助共济'时,互助保险就转化为社会保险制度。"②新业态从业人员作为职业伤害保障缺位最为严重的群体,他们的职业伤害保障毫无疑问需要社会保险的大力支持。不论是创设单独的职业伤害保险,还是沿用传统的工伤保险,都需要遵循大数法则,即必须有足够宽广的覆盖面和参保率才能实现保障资金的调配,才能真正化解新业态职业伤害的风险。

---

　　①　丁建定.德国社会保障制度的发展及其特点[J].南都学坛(南阳师范学院人文社会科学学报),2008(4):46-51.
　　②　丁建定,张小屏.试论西欧社会保险制度的历史渊源及其现实启示[J].华中科技大学学报(社会科学版),2021(6):17-24.

第二章　新业态职业伤害保障的现状与需求

一、新业态职业伤害的风险检视

（一）相关信息与统计数据

随着互联网、大数据等信息技术的广泛应用，以平台经济为代表的新就业形态异军突起，成为新的就业增长点。我国的新业态经济在 2017—2021 年迅速发展壮大，国家信息中心的统计数据显示，截至 2020 年，我国灵活就业人员已经达到 2 亿人左右，其中新业态从业人员数量已超过 8 400 万，如图 2-1 所示。

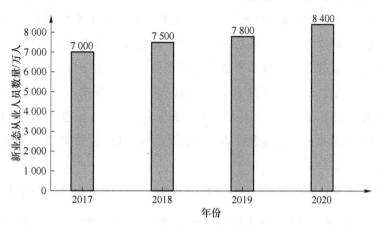

图 2-1　新业态从业人员数量（2017—2020 年）

　　与之相对的是,新业态从业人员(如网约车司机、外卖众包骑手等)长期处于职业伤害保障的"真空地带"。数据显示,2021年我国的工伤保险参保率约为72%,如表2-1所示,然而,2021年外卖行业工伤保险的参保率仅约为14.3%,如表2-2所示,新业态从业人员的职业伤害保障缺位问题日益突显。

表 2-1　全国职工工伤保险参保情况(2021 年)

全国职工总数	全国职工工伤保险参保人数	参保率
3.91 亿	2.82 亿	约 72%

数据来源:全国总工会。

表 2-2　全国外卖行业工伤保险参保情况(2021 年)

全国外卖骑手总数	全国外卖骑手工伤保险参保人数	参保率
1 300 万	186 万	约 14.3%

数据来源:国家统计局、中国新业态研究中心。

　　从现有数据来看,新业态从业人员在劳动过程中面临较高的职业伤害风险。《中国青年发展报告》(2019 版)显示,在一项有 1 692 份有效样本的调查中,43.32%的快递员有时会遇到交通安全问题,10.87%的快递员一直以来都有交通安全问题,9.16%的快递员经常遇到交通安全问题。一份以北京地区新业态从业人员为受试对象的调查报告显示,受访者中约有 33%的人自工作以来受过伤,其中,78%的人是因为交通事故受伤,20%的人遭受了第三人的意外人身伤害受伤,17%的人有过中暑的情况,14%的人遭受过意外伤害。[①] 另外一份华东地区的调查报告显示,在 2017—2021 年各地区涉及外卖快递人员事故受伤人数的调查中,华东地区交通事故总数以 35%的占比排名靠前。华东地区涉及外卖快递人员事故的总受伤人数占比、外卖快递人员肇事事故导致的受伤人数占比分别达到 34%、35%,位居全国第一。同时,2019—2021 年,华东地区涉及外卖快递人员一般程序事故受伤人数分别以 25%、20%、83%的增幅呈反弹上升趋势。[②] 通过以上统计数据可以看出,现阶段交通事故风险是新业态从业人员面临的最主要的职业伤害风险类型。

---

　　① 黄乐平,郝正新.新业态从业人员职业伤害保护调研报告——以北京地区快递从业人员为例[J].劳动保护,2020(3):85-88.
　　② 周高祥,柴树山,胡雁宾,等.新业态下外卖骑手交通安全分析及对策研究[J].道路交通管理,2022(2):50-53.

（二）交通事故成为最主要的风险类型

缘何交通事故会成为新业态最主要的职业伤害风险类型？可能有以下三个原因。

首先，与新业态的工作内容紧密相关。新业态是以互联网等信息网络为依托，以从业人员为消费者提供服务为内容，以平台用工为主要组织形态的劳动密集型行业。不论是外卖骑手、快递员还是网约车司机，每日在道路上工作的时间都远超传统标准劳动关系中的劳动者。从外卖平台的相关数据来看，大部分外卖骑手工作时长都超过了法定的每周 40 小时工时，近 80％的外卖骑手每日工作时长超过了 8 小时，中午 11 点至 12 点是他们工作最忙碌的时段，且近 75％的外卖骑手每周工作 7 天。平均算下来，如果一位外卖骑手每天配送 48 单，奔波近 150 千米。① 中国社会科学院发布的 2021 年《社会蓝皮书》显示：从调查来看，快递员每周工作时间达到 70.7 小时，这意味着快递员不仅没有休息日，而且每天工作时间达到 10 小时以上。具体而言，快递员中每周工作不足 40 小时的占 4.5％，工作 40 小时的占 1.9％，而工作时间在 40 小时以上的占 93.6％。《2021 年中国一线城市出行平台调研报告》指出：大部分网约车司机每日平均工作时间为 11.05 小时，每周平均出车时间为 6.45 天。大部分网约车司机一周出车 7 天，占比约为 74.76％，一周出车在 5 天以下的司机群体比例不足 10％。如此长的路上工作时间必然会导致大量的道路交通出行需求，使得新业态工作比传统雇佣工作更容易发生交通事故。

其次，与算法对新业态劳动过程的控制相关。2020 年 9 月，《人物》杂志中的一篇文章《外卖骑手，困在系统里》在网络上引发热议。文中的一位美团配送站站长金壮壮清晰地记得，2016 年到 2019 年间曾三次收到美团平台加速的通知：2016 年，3 千米送餐距离的最长时限是 1 小时；2017 年，变成了 45 分钟；2018 年，又缩短了 7 分钟，定格在 38 分钟。相关数据显示，2019 年，中国全行业外卖订单单均配送时长比 3 年前减少了 10 分钟。② 北京大学社会学系博士后陈龙为了深入研究算法对

---

① 黄嘉惠. 外卖员调查：每天超时工作已成常态[EB/OL]. (2020-09-17)[2022-11-26]. https://www.51ldb.com/shsldb/lqzt/content/4c8f8b78-9af1-4d1d-8be6-e57febda02cf.html.

② 赖祐萱. 外卖骑手，困在系统里[EB/OL]. (2020-09-08)[2022-11-26]. https://baijiahao.baidu.com/s?id=1677231323622016633&wfr=spider&for=pc.

骑手的控制,在饿了么平台注册成为外卖骑手并工作了近半年的时间。陈龙认为,平台系统收集数据的目的是为平台系统的管理服务,预计送达时间是平台系统基于大量的特征维度和历史数据进行计算的结果。平台系统收集到的特征维度和历史数据越全面和精细,计算出的预计送达时间越精准。平台系统在收集数据的同时,也在潜移默化地规制骑手。数据成为平台系统管理骑手的主要依据,平台系统背后的"数字控制"由此初现端倪。[①]"外卖平台在压缩配送时间上永不满足,它们总在不断试探人的极限……""更可笑的一件事是,当消费者和骑手产生矛盾后,平台反而成了一个仲裁者。它负责判断谁对谁错,而这原本应该是平台或者说资本该负的责任。"[②]2021年7月,国家市场监督管理总局、国家互联网信息办公室等多个部门联合发布了《关于落实网络餐饮平台责任 切实维护外卖送餐员权益的指导意见》。随后,美团外卖首次公开了骑手配送时间计算规则以及预估送达时间的算法逻辑。在美团外卖中,算法测算出的"预估到达时间"其实不是一个时间,而是四个时间,也就是"模型预估时间"和"三层保护时间"。其中"三层保护时间"包括:"城市通行状态特性下估算时间""出餐到店取餐等配送各场景累加估算时间"和"配送距离估算时间"。消费者下单后在订单页面看到的就是算法选定的那个最长时间。同时,美团外卖在部分城市试点将订单的预计送达时间由原先的"时间点"变更为弹性的"时间段"。从试点反馈来看,在新算法机制下,用户对骑手的差评率降低了50.7%。[③] 2022年2月,饿了么发布的报告显示:饿了么坚决落实"算法取中"的要求,坚决不以最严算法、最低时限为导向。饿了么将不断对算法规则进行治理,安全与公平是持续优化的方向。例如,不采用最短配送时效,短距离内所有预估配送时间不得低于30分钟。"当调度系统感知到局部运力压力过大时,如大促爆单等,也将自动触发保护方案。当出现突发异常时,骑手也可以通过人工报备的方式,申请匹配灵活配送时间,保障安全。"[④]

最后,与平台的报酬分配模式相关。以美团外卖骑手为例,其大致可以分为专

---

① 陈龙."数字控制"下的劳动秩序——外卖骑手的劳动控制研究[J].社会学研究,2020(6):113-135.

② 李晓芳.北大博士为做研究送半年外卖:骑手内卷,平台不断试探人的极限[EB/OL].(2021-05-17)[2022-11-26].https://www.sohu.com/na/464878129_120146415.

③ 李思默,冯烁.美团公开骑手配送时间计算规则 新就业形态劳动者权益如何更好保障?[EB/OL].(2021-09-12)[2022-11-27].https://baijiahao.baidu.com/s?id=1710663477408790490&wfr=spider&for=pc.

④ 吴涛.饿了么称禁止最严算法 禁止诱导骑手转个体工商户[EB/OL].(2022-02-14)[2022-11-27].https://baijiahao.baidu.com/s?id=1724723437689371389&wfr=spider&for=pc.

职人员和兼职人员两类。专职人员一般称为专送骑手，属于公司的正式员工，有固定的工作时间，管理较为规范，可以享受相应的福利待遇；兼职人员一般称为众包骑手，由个人注册，工作时间较为自由，通常不能享受公司的相应福利待遇。专职人员和兼职人员的报酬计算方式有所不同。专职人员的收入主要由基本工资（底薪）和订单提成组成，通常底薪较低、提成占比较高，结算方式一般为月结，当超过规定的最低订单数量时才可以计算提成，单笔的提成金额低于兼职人员的提成金额；兼职人员通常没有基本工资（底薪），其收入主要来自订单提成，结算方式一般为日结，可以随时申请提现。在派单方式上也存在区别，专职人员由系统自动派单，系统会根据专送骑手的位置就近分配订单；兼职人员需要自己抢单，通常没有配送距离的限制，许多兼职人员需要边骑车边盯着手机抢单。不论专职人员还是兼职人员，提高收入的直接办法就是多接单并保证尽快送达。因此，"配送捷径"成为交通事故发生的重要原因。"配送过程中骑手为节省时间，多走'配送捷径'，极易引发交通事故。从不同非机动车违法类型导致的涉及外卖骑手、快递人员的一般程序事故起数统计情况可以看出，逆行、违反交通信号、未按规定让行等违法行为分别以近20％、16％、14％的占比成为造成交通事故的主要行为。"①

除交通事故外，新业态的其他职业伤害风险还包括意外伤害（包括由第三人导致的意外人身伤害）、中暑、因病猝死以及一些新型职业病等。这些新型职业病包括胃病、腰椎疾病、关节炎、呼吸道疾病以及心理疾病等。约有50％的新业态受访者认为容易得胃病，有48％的新业态受访者认为容易得腰椎疾病和关节炎，有41％的新业态受访者认为容易得关节炎，有29％的新业态受访者认为容易得呼吸道疾病，另有新业态受访者提到工作压力大，容易引起心理疾病，甚至有新业态受访者提到了心脏病。② 我国现行的职业病目录是2013年由国家卫生计生委、安全监管总局、人力资源社会保障部和全国总工会四部门联合印发的《职业病分类和目录》，该目录包含十大类共132种职业病。令人遗憾的是，这些新型职业病并不在目录当中，短期内也无法被列入。有学者认为，可以看出，一方面，交通事故已成为新业态从业人员群体中占比最大的职业伤害风险类型；另一方面，上述

---

① 周高祥，柴树山，胡雁宾，等.新业态下外卖骑手交通安全分析及对策研究[J].道路交通管理，2022，2：50-53.

② 黄乐平，郝正新.新业态从业人员职业伤害保护调研报告——以北京地区快递从业人员为例[J].劳动保护，2020(3)：85-88.

风险并没有超出已有的工伤类型。无论是交通事故、第三人侵害还是其他意外伤害都属于典型的工伤情形,因病猝死则属于视同工伤的情形,中暑也属于法定的职业病类型。[①]

二、新业态职业伤害保障的现状

根据中国新就业形态研究中心 2021 年开展的一项调查,外卖骑手的工伤保险参保率仅为 14.3%。[②] 南都民调中心以外卖骑手为受试对象的调查显示:商业意外保险是目前普及率最高的一项保障。51.54% 的受访外卖骑手表示会通过平台代扣或自费形式购买商业意外保险,21.54% 的受访外卖骑手表示自己所在的平台付费为他们购买了商业意外保险。但在工伤保险方面,只有 30% 的受访外卖骑手反馈平台为其单项缴纳了工伤保险,16.15% 的受访外卖骑手反馈五险一金均有缴纳。此外,仅 9.23% 的受访外卖骑手被告知伤病假期间会有最低工资保障,还有9.23% 的受访外卖骑手表示自己不知道平台为自己购买或提供过哪些保障。[③] 由共青团中央维护青少年权益部、中国社会科学院社会学研究所共同组织实施,调查对象为来自全国 31 个省区市的 18~45 岁以新业态新就业为主要职业的人群,共获得有效样本 11 495 个的调查报告显示:不论是社会保障还是商业保障,在养老、医疗、失业、工伤、公积金和其他各项中,有 26.3% 的新业态从业人员没有任何保障。新业态从业人员希望政府为他们提供的服务和帮助排名前三的为完善社会保险政策(45.3%)、维护劳动权益(40.6%)、完善相应就业政策和服务(34.6%)。[④]

针对北京地区快递从业者的调查显示,商业保险是新业态从业人员职业伤害的主要保障。18% 的受访者"从未听说过"工伤保险政策,31% 的受访者"听说过"工伤保险政策,45% 的受访者对工伤、保险政策仅有些了解,仅 6% 的受访者对工

---

① 李满奎,李富成.新业态从业人员职业伤害保障的权利基础和制度构建[J].人权,2021(6):70-91.
② 李润泽子,郭美婷,古宇星.新业态用工权益保障政策观察:北京完善灵活就业社会保险制度,福建等地开展职业伤害保障试点[EB/OL].(2022-02-28)[2022-11-29].https://baijiahao.baidu.com/s? id=1726010494094591625&wfr=spider&for=pc.
③ 南都民调中心.外卖骑手现状:工伤险普及率偏低,在意交通安全却屡次违规[EB/OL].(2021-02-02)[2022-11-29].https://www.sohu.com/a/448324713_161795.
④ 朱迪.新业态青年发展状况与价值诉求调查[J].人民论坛,2022(8):18-23.

伤保险政策非常了解。① 关于济南市外卖骑手的调研显示,外卖骑手工伤保险参保率较低。近四成外卖骑手参保了工伤保险,占比 39.3%;外卖骑手现有保障以商业保险为主,工伤保险参保率较低。74.1% 的外卖骑手表示雇主为其购买了每日 3 元的意外伤害保险,仅有 13.8% 的雇主为外卖骑手购买了工伤保险。② 杭州市以外卖骑手为受试对象的调查显示,79% 的外卖骑手认为自己面临的交通事故风险比较大或非常大。意外事故风险,特别是交通事故风险成为外卖骑手最担心的风险,疾病风险是外卖骑手担心的第二位风险。众包骑手意外险是外卖骑手应对外卖派送过程中意外事故风险的最主要措施。76% 的外卖骑手认为买保险划算,77% 的外卖骑手愿意每天再多出几元,提高意外伤害保险的保额。专送骑手在发生意外事故后,平台企业会承担一定的责任,如保障治疗期间的基本工资,但是众包骑手则没有类似的待遇保障。③ 四川省资阳市雁江区的调研报告显示,只有约 40% 的新业态从业人员(快递员)参加了工伤保险,约 50% 的新业态从业人员(外卖员)参加了人身意外保险等商业保险,还有约 10% 的新业态从业人员(网约车司机)没有职业伤害保障。新业态从业人员职业伤害保障处于较低水平。④

整体来看,新业态从业人员职业伤害保障最主要的方式是参加商业保险,工伤保险的覆盖率较低。不过,新业态的不同行业之间、同行业的不同类别从业人员之间存在着较大差异。快递行业的工伤保险参保率高于外卖行业和网约车行业,京东和顺丰公司的工伤和社会保障明显要优于其他平台企业。以京东为例,京东从自建物流之初就雇佣全职员工,与一线快递员签署劳动合同,为其缴纳五险一金,并提供商业保险等多种福利及补贴。⑤ 合并德邦后,京东也承诺将为德邦员工缴齐五险一金,为包括全体德邦员工在内的所有集团基层员工设立"住房保障基

---

① 黄乐平,郝正新. 新业态从业人员职业伤害保护调研报告——以北京地区快递从业人员为例[J]. 劳动保护,2020(3):85-88.

② 韩璐莹. 济南调研外卖骑手:不到四成有工伤保险,超 25% 发生过意外事故[EB/OL].(2022-04-04)[2022-11-30]. https://new.qq.com/rain/a/20220404A04RNY00.

③ 施红,何文炯,马高明. 外卖骑手的意外伤害、风险感知及保障需求——基于杭州的调查[J]. 中国保险,2020(8):47-50.

④ 资阳市雁江区人大社会建设委员会. 关于我区新就业形态劳动者权益保护工作的调研报告[EB/OL].(2022-10-13)[2022-11-30]. http://www.scspc.gov.cn/dybgxd/202210/t20221013_42392.html.

⑤ 屈旌. 刘强东将为十几万快递员缴齐五险一金,期待成为行业新常态[EB/OL].(2022-11-23)[2022-12-02]. https://baijiahao.baidu.com/s? id=1750283710857239950&wfr=spider&for=pc.

金"。① 无论是工伤还是非工伤,任何一个在职的京东员工只要发生重大不幸导致丧失劳动能力或失去生命,其子女将由"员工子女救助基金"抚养最长到 22 周岁。② 在员工福利保障方面,京东走在了平台企业的前列。不过,绝大多数平台企业达不到京东的保障标准。媒体走访调查显示,超过八成的快递员都没有签订劳动合同,属于临时工,五险一金不缴纳成为常态。③ 外卖行业和网约车行业的绝大多数企业没有为员工缴纳五险一金,网约车龙头企业滴滴公司给出的说法是,滴滴司机和滴滴公司之间没有签订劳动合同,最多算是劳务或者兼职,是不需要缴纳五险一金的。④ 不过,国有企业首汽集团旗下的首汽约车平台的专车司机作为首汽的正式员工,其五险一金是全部缴纳的。

三、新业态职业伤害保障的需求分析

新业态大部分属于职业伤害风险较高的行业,新业态从业人员的职业伤害保障需求也较为突出。一份针对快递行业从业人员的职业伤害问卷调查显示,快递从业人员对职业伤害保障的重要性认知度较高。当被问到"您愿意参加工伤保险吗?"时,有 190 人选择"非常愿意",占 62.5%;有 61 人选择"比较愿意",占 20%;选择"一般""不太愿意""完全不愿意"的共有 53 人,累计占比 17.5%。这说明快递行业从业人员参加工伤保险的意愿比较强烈。当被问到"如果工作过程中自己受伤了,您会怎么办?"时,15.1% 的快递行业从业人员选择"自认倒霉",54.9% 的快递行业从业人员选择"与用人单位交涉解决";26.6% 的快递行业从业人员选择"向政府有关部门寻求帮助",3.3% 的快递行业从业人员选择"采取暴力的方式"。⑤

① 白帆.合并德邦后京东承诺缴齐员工五险一金[EB/OL].(2022-11-23)[2022-12-02].https://finance.eastmoney.com/a/202211222567498133.html.

② 艾酱聊娱乐.刘强东的全员信:给员工保障,降高管薪资[EB/OL].(2022-11-22)[2022-12-02].https://baijiahao.baidu.com/s? id=17501879953797899559&wfr=spider&for=pc.

③ 屈旌.刘强东将为十几万快递员缴齐五险一金,期待成为行业新常态[EB/OL].(2022-11-23)[2022-12-02].https://baijiahao.baidu.com/s?id=17502837108572399950&wfr=spider&for=pc.

④ 春公子.王兴和裴伟都是狠人,滴滴全国有 1100 万司机,司机们却没五险一金[EB/OL].(2021-11-01)[2022-12-02].https://baijiahao.baidu.com/s? id=17151989375819695562&wfr=spider&for=pc.

⑤ 马美楠.新业态就业人员职业伤害保障问题研究——以浙江省 A 市快递从业人员为例[D].西安:西北大学,2022.

一份针对武汉市新业态从业人员社会保险情况的调查问卷显示,在最迫切需要参加的保险中,工伤保险比例最高,占调查总人数的 47.76％,社会医疗保险占30.15％。具体从各行业来看,快递行业从业人员、外卖送餐员、代驾最迫切需要参加的是工伤保险,而网络直播员、淘宝店主则是医疗保险。部分收入水平偏上的新业态从业人员有参加社会保险和商业保险的双重需求。① 另一份以新业态从业人员为受试对象的调查问卷显示,90.74％的受访者表示对与职业风险相关的保障有需求。在受访的职业类型中,网约车司机和外卖骑手对职业伤害保障的需求最大,其次是快递行业从业人员,相比较之下,互联网主播对职业伤害保障的需求较小。可以看出,由于网约车司机、外卖骑手和快递行业从业人员的工作场所灵活,所以他们对职业伤害保障的需求大。②

其实,在新业态经济刚兴起时,许多平台对于从业人员是给予职业伤害和社会保障待遇的。据中国青年报的报道,外卖平台骑手陈大哥在北京工作了 9 年,被称为"元老级"骑手。他回忆说:"当时入职的时候我们有五险一金,还有其他好多补助。现在专送骑手面对意外和风险的唯一保障是每个月从工资中扣除 100 多元所购买的商业保险,众包骑手则是每天被扣 3 元购买商业保险。"陈大哥说,大多数的外卖骑手都隶属于不同的劳务公司,或者干脆不属于任何公司,只需在 App 上注册即可。陈大哥这些年前后换了很多家劳务公司,曾经的五险一金早就没有了。作为工友代表的陈大哥感叹:"目前购买的商业保险不能给骑手们带来真正的保障,骑手们愿意承担政府部门提供的工伤保险的保险费用,但不愿意额外支付商业保险费用。"相较于收入而言,外卖骑手对配送工作的职业安全保障最为不满。30％的外卖骑手对配送工作的职业安全保障"比较不满意"或"完全不满意",23％的外卖骑手对配送工作的收入"比较不满意"或"完全不满意"。③

为何现今的众多平台企业不愿再为从业人员购买社会保险了呢? 从以下报道中我们可以略窥一二。"据悉,美团为了避免给自己旗下的外卖骑手买保险,提出了一种线上平台的管理政策。他们让外卖骑手自主注册平台的相关账号,并且在

①　舒怡.新业态从业人员社会保险参保意愿及影响因素研究——以武汉市为例[D].武汉:华中农业大学,2021.

②　高禹.新业态从业人员职业伤害保障制度研究——以高风险平台从业人员为例[D].保定:河北大学,2021.

③　李桂杰.职业安全保障成外卖配送员最大诉求 "非正规就业工伤保障"亟待完善[EB/OL].(2020-12-23)[2022-12-03].https://baijiahao.baidu.com/s? id=1686865509550105089&wfr=spider&for=pc.

这样的平台上给外卖骑手发放薪资。不过有些外卖骑手发现，一旦他们注册了这个平台的相关账号，成了其中的用户，那么他们也就成了一个自主经营的个体户。这样一来，他们跟美团的关系就从雇佣关系变成了所谓的合作关系，美团就可以名正言顺地不给他们购买社会保险。"①"美团所面临的外卖骑手权益保障问题，归根结底，是餐饮外卖行业采用员工外包模式而产生的问题。美团如此，饿了么亦然，甚至在滴滴、"四通一达"等所在的出行、快递行业，这一问题也广泛存在。短期来看，为外卖骑手购买保险这一外部事件的冲击，对整个外卖行业来说都是一次挑战，对于美团，不可避免会对其经营业绩产生短期影响。"②《外卖平台用工模式法律研究报告》指出，仅仅 10 年间，外卖平台用工模式就经历了复杂而快速的演变，并逐步发展出三大类 8 种主要模式。早期，外卖平台主要通过自行雇佣或劳务派遣方式完成配送，完全处于劳动法的调整范围之内；中期，外卖平台引入众包模式，开始与众包公司合作将配送方式转变为"表面外包、实质合作用工"的专送模式；现今，个体工商户模式成为新的选择，外卖平台会强制骑手使用一些灵活用工的App，并让骑手注册成为个体工商户，完全脱离了劳动法的规制。③

① 非常经济圈. 美团怕的不是罚款 34 亿，而是全国 400 万配送员的社保问题？[EB/OL]. (2021-10-18)[2022-12-03]. https://baijiahao. baidu. com/s?id=1713959109921795145&wfr=spider&for=pc.
② 周霄，陈子儒. 为骑手缴纳社保，究竟会给外卖平台带来多大影响？[EB/OL]. (2021-05-14)[2022-12-03]. https://baijiahao. baidu. com/s?id=1699739775027044876&wfr=spider&for=pc.
③ 赵孟. 研究报告揭开外卖平台用工之谜：用人单位隐形，骑手变"个体户"[EB/OL]. (2021-09-18)[2022-12-03]. https://baijiahao. baidu. com/s?id=1711197216724790661&wfr=spider&for=pc.

第三章 新业态职业伤害保障的困境及成因

一、新业态职业伤害保障的困境

(一) 困境一:工伤保险无法覆盖

前文数据显示,新业态从业人员的工伤保险覆盖率普遍较低,甚至有一部分新业态从业人员没有任何职业伤害保障。与其他社会保险和商业保险相比,工伤保险的保障水平明显更高。我国现行的《工伤保险条例》规定,职工因工死亡,其近亲属按照下列规定从工伤保险基金领取丧葬补助金、供养亲属抚恤金和一次性工亡补助金。①丧葬补助金为 6 个月的统筹地区上年度职工月平均工资。②供养亲属抚恤金按照职工本人工资的一定比例发给由因工死亡职工生前提供主要生活来源、无劳动能力的亲属。标准为配偶每月 40％,其他亲属每人每月 30％,孤寡老人或者孤儿每人每月在上述标准的基础上增加 10％。核定的各供养亲属的抚恤金之和不应高于因工死亡职工生前的工资。供养亲属的具体范围由国务院社会保险行政部门规定。③一次性工亡补助金标准为上一年度全国城镇居民人均可支配收入的 20 倍……除因工死亡待遇外,工伤保险的伤残待遇和医疗期待遇也高于其他社会保险项目的保障水平。在工伤致残待遇方面,《工伤保险条例》规定,职工因工致残被鉴定为一级至四级伤残的,保留劳动关系,退出工作岗位,享受以下待遇。

①从工伤保险基金按伤残等级支付一次性伤残补助金,标准为一级伤残为 27 个月的本人工资,二级伤残为 25 个月的本人工资,三级伤残为 23 个月的本人工资,四级伤残为 21 个月的本人工资。②从工伤保险基金按月支付伤残津贴,标准为一级伤残为本人工资的 90%,二级伤残为本人工资的 85%,三级伤残为本人工资的 80%,四级伤残为本人工资的 75%。伤残津贴实际金额低于当地最低工资标准的,由工伤保险基金补足差额。③工伤职工达到退休年龄并办理退休手续后,停发伤残津贴,按照国家有关规定享受基本养老保险待遇。基本养老保险待遇低于伤残津贴的,由工伤保险基金补足差额……

工伤医疗期待遇又可分为医疗待遇与停工留薪待遇。关于医疗待遇,《工伤保险条例》规定,职工因工作遭受事故伤害或者患职业病进行治疗,享受工伤医疗待遇。职工治疗工伤应当在签订服务协议的医疗机构就医,情况紧急时可以先到就近的医疗机构急救。治疗工伤所需费用符合工伤保险诊疗项目目录、工伤保险药品目录、工伤保险住院服务标准的,从工伤保险基金支付。工伤保险诊疗项目目录、工伤保险药品目录、工伤保险住院服务标准由国务院社会保险行政部门会同国务院卫生行政部门、食品药品监督管理部门等规定。关于停工留薪待遇,《工伤保险条例》规定,职工因工作遭受事故伤害或者患职业病需要暂停工作接受工伤医疗的,在停工留薪期内,原工资福利待遇不变,由所在单位按月支付。停工留薪期一般不超过 12 个月。伤情严重或者情况特殊,经设区的市级劳动能力鉴定委员会确认,可以适当延长,但延长不得超过 12 个月。工伤职工评定伤残等级后,停发原待遇,按照有关规定享受伤残待遇。工伤职工在停工留薪期满后仍需治疗的,继续享受工伤医疗待遇。生活不能自理的工伤职工在停工留薪期需要护理的,由所在单位负责。

据此可以看出,与其他保险相比,工伤保险的待遇更加优厚。《2021 年度人力资源和社会保障事业发展统计公报》显示,2021 年年末,全国参加工伤保险的人数为 28 287 万,比 2020 年年末增加 1 523 万。2021 年,共有 206 万人享受工伤保险待遇。2021 年,工伤保险基金收入 952 亿元,工伤保险基金支出 990 亿元。截至 2021 年年末,工伤保险基金累计结存 1 411 亿元(含储备金 164 亿元)。2021 年,北京市工伤保险基金收入 46.8 亿元,工伤保险基金支出 51.3 亿元(其中医疗待遇支出 24.7 亿元)。北京市进一步提高工伤保险待遇水平,继续调整 1~4 级工伤人员的伤残津贴、护理费和因工死亡人员供养亲属抚恤金。调整后,伤残津贴人均 5 887 元/月,供养亲属抚恤金人均 2 799 元/月,工伤人员护理费平均水平为

3 805 元/月。①工伤保险只区分"因工"和"非因工",只要确定为"因工"即能获得足额的经济补偿。工伤保险具有非常明显的赔偿属性,其保障能有效地补偿工伤事故对劳动者造成的伤害和经济损失。在现阶段,对于劳动者来说,工伤保险之于职业伤害保障的力度与强度是其他社会保险和商业保险无法替代的。工伤保险与养老保险、医疗保险存在一定的区别,其缴费义务全部由用人单位承担,劳动者无须缴纳任何费用。因此,当法律法规没有明确要求,用人单位不愿承担工伤保险的缴费责任时,劳动者将无法获得工伤保险的保障,这也是目前众多新业态从业人员共同面临的困境。

(二)困境二:其他保险难以保障

前文数据显示,目前新业态从业人员最主要的职业伤害保障项目是商业意外险。然而,一旦发生工伤事故,商业意外险的赔付水平远低于工伤保险的赔付水平,对于受害者及其家属来说无疑是杯水车薪。2020 年 12 月,北京 43 岁的骑手韩某在送餐途中猝死。韩某在出事前并无基础病,一向身体健康。韩某家属提供的平台配送记录显示,12 月 21 日事发当天,在韩某累计接到的 33 个订单中,仅中午11 时至 12 时就有 12 个订单,他忙到了 14 时多才吃饭、休息。在吃完午饭后的 14时 57 分,韩某又开始了接单配送,却在 17 时多送餐途中出了意外。韩某生前为自己投保了一份人身意外伤害险,猝死身故的保险赔偿金额为 3 万元。调查进一步发现,外卖骑手想要接单,每天就必须在系统里被扣除 3 元钱用于购买保险,但平台每天为韩某投保的保险实际金额只有 1.06 元。韩某离世后,其家属也曾联系平台,希望得到平台方的理赔,但平台声称,韩某与平台并非雇佣关系,只能给予2 000 元的人道主义费用。② 在网络上铺天盖地的质疑声中,平台最终妥协,并给予了家属 60 万元的人道主义抚恤金。

作为对比,如果是 2020 年可以享受工伤保险待遇的北京地区劳动者,一旦猝死,被确定为"因工",能获得的赔偿项目包括如下三个。①一次性工亡补助金。标准

---

① 北京市人力资源和社会保障局.2021 年度北京市养老保险、失业保险、工伤保险事业发展情况报告[R/OL].(2022-05-20)[2024-03-22]. http://rsj. Beijing. gov. cn/xxgk/sjfbsj/202205/t20220520_2717387. html.

② 东方网.北京 43 岁骑手送餐时猝死,平台只给两千? 饿了么官方回应来了[EB/OL].(2021-01-09)[2022-12-04]. https://new. qq. com/rain/a/20210109A0CEXB00.

为上一年度全国城镇居民人均可支配收入的 20 倍。根据国家统计局的公报,2019 年全国城镇居民人均可支配收入为 42 359 元,此项合计 42 359 元×20＝847 180 元。②丧葬补助金。标准为北京地区上年度 6 个月的职工月平均工资。北京市人力资源和社会保障局的通告显示,为保证本市 2020 年工伤职工工伤保险待遇合理衔接,以统筹地区上年度职工月平均工资作为计发基数核定工伤保险待遇的,以9 910 元/月作为计发基数。此项合计 9 910 元×6＝59 460 元。③供养亲属抚恤金。标准为按照职工本人工资的一定比例发给由因工死亡职工生前提供主要生活来源、无劳动能力的亲属。标准为配偶每月 40％,其他亲属每人每月 30％,孤寡老人或者孤儿每人每月在上述标准的基础上增加 10％。核定的各供养亲属的抚恤金之和不应高于因工死亡职工生前的工资。由于具体的工资数额有差异,按照北京市人力资源和社会保障局的统计数据,2019 年北京市月平均工资为 8 847 元。因工猝死劳动者的配偶能够获得的抚恤金数额为 8 847 元/月×40％≈3 539 元/月;其他符合条件的亲属可以获得的抚恤金为 8 847 元/月×30％≈2 654 元/月;如果有孤寡老人和孤儿,他们可以获得的抚恤金为 8 847 元/月×50％≈4 424 元/月。各供养亲属抚恤金总和不高于因工死亡劳动者生前工资。依照《因工死亡职工供养亲属范围规定》领取抚恤金人员有下列情形之一的,停止享受抚恤金待遇:①年满 18 周岁且未完全丧失劳动能力的;②就业或参军的;③工亡职工配偶再婚的;④被他人或组织收养的;⑤死亡的。假设因工死亡劳动者有配偶和一名未成年子女,领取抚恤金年限均为 10 年,则此项累计为(3 539 元/月＋2 654 元/月)×(12×10)个月＝743 160 元。三项综合,因工猝死劳动者亲属应当获得的工伤赔偿金额约为1 649 800 元。除工伤保险外,目前尚无其他社会保险和商业保险能够在不增加劳动者负担的前提下,使劳动者获得足够的补偿和救济。这也是新业态从业人员在职业伤害保障方面共同面临的另一个困境。

二、新业态职业伤害保障困境的成因分析

(一)劳动关系捆绑之束尚未解开

我国劳动者的职业伤害保障主要通过工伤保险来实现,因此很多语境下的职

业伤害保险专指工伤保险。《工伤保险条例》第二条规定：中华人民共和国境内的企业、事业单位、社会团体、民办非企业单位、基金会、律师事务所、会计师事务所等组织和有雇工的个体工商户（以下称用人单位）应当依照本条例规定参加工伤保险，为本单位全部职工或者雇工（以下称职工）缴纳工伤保险费。从这条规定来看，我国境内所有的企事业单位都属于工伤保险参保的责任主体，新业态的各类平台企业当然含予其中。然而，这条的关键在于后半部分"为本单位全部职工或者雇工（以下称职工）缴纳工伤保险费"，即企业承担缴费责任的范围限于本单位的全部职工。此处的职工是狭义上的劳动者，即指与用人单位存在劳动关系的劳动者，而非广义上的劳动者。《工伤保险条例》规定，提出工伤认定申请应当提交下列材料：①工伤认定申请表；②与用人单位存在劳动关系（包括事实劳动关系）的证明材料；③医疗诊断证明或者职业病诊断证明书（或者职业病诊断鉴定书）。因此，工伤待遇的获得以存在劳动关系为前提，存在劳动关系则可以获得对应的权益，不存在劳动关系则无法享有工伤保险待遇。

工伤保险与劳动关系捆绑是新业态从业人员无法获得工伤保险待遇的重要原因。从福利社会的角度来看，工伤保险与劳动关系挂钩并不尽然合理。工伤保险是劳动者（广义上的）因工作负伤或患职业病，暂时或永久丧失劳动能力时，从社会获得物质帮助的一项社会保障制度。工伤保险是各种社会保障制度中最具普遍性的一种，由于劳动者发生工伤事故后的救济具有紧迫性和必要性，当出现在工作或通勤中遭遇伤害的情形时，劳动者就应当享受工伤保险制度的援助，这也是社会福利的题中应有之义。不论全日制用工关系中的劳动者还是非全日制用工关系中的劳动者，不论正式员工还是临时雇工，不论工作时间长还是短，只要从雇主处获得工资，劳动者就应当被工伤保险覆盖。日本的劳动法规定，工伤保险是政府作为保险人进行运营，对企业强制实行，原则上所有企业都是《工伤保险法》的强制适用对象，均须缴纳保险费。工伤保险的保障范围是工作中或通勤中的受伤以及与工作内容相关的疾病。工作以外和通勤以外的受伤、生育、与工作无关的疾病则不属于工伤保险的保障范围，而属于健康保险的保障范围。工伤保险要求较为严格，极端地说，哪怕企业只是雇佣一个劳动者，而且只是雇佣一天，如果该劳动者受伤，也要获得工伤保险给付。如果企业雇佣了劳动者而没有为其购买工伤保险，发生工伤时也可以进行给付申请，但此时企业需要补缴保险费，还要支付罚金。①

---

① 田思路.日本社会保障法研究［M］.北京:中国社会科学出版社,2021:63-67.

准确地说,工伤保险不应当与"劳动关系"挂钩,而应当与"用工"挂钩,从历史的视角来观察工伤保险制度可能更加清晰。工伤保险的诞生是为了使遭遇职业危险的工人得到救助,强调的是与劳动过程的联系,因此无过错责任原则在一早就被确立,主体的身份性或可非难性从来就不是这项制度的要点。1921年,国际劳工大会通过的《关于工人赔偿(包括农业工人)公约》(第12号)的第一条将工伤事故定义为:工人因工作或在工作过程中发生意外而造成的人身伤害。该公约明确规定,国际劳工组织各成员国应当将其对工人工伤事故补偿方面的法律扩展适用至所有农业工人。1925年,国际劳工组织通过的《本国工人与外国工人关于事故赔偿的同等待遇公约》(第19号)的第一条规定:①凡批准本公约的国际劳工组织会员国,承诺对于已批准本公约的任何其他会员国的人民在其国境内因工业意外事故而受伤害者,或对于需其赡养的家属,在工人赔偿方面,应给予与本国人民同等的待遇;②对于外国工人及需其赡养的家属,应保证给予此种同等待遇,在住所方面不得附有任何条件……可以看出,早期对工伤事故的界定强调的是与工作的关联性,主体身份并不影响工伤保障法律的适用。最早确立工伤保险制度的德国,在1884年《工伤保险法》颁布之后,先在部分行业试用工伤保险,随后逐渐扩大保障范围至所有雇员。1942年,德国全部企业为工伤保险制度所覆盖(遵循了从风险大的行业到风险小的行业逐渐进入工伤保险范围的发展原则)。1971年,各类人员为这一制度所覆盖(从工人、国家工作人员到中小学生,甚至幼儿园儿童)。① 工伤保险本质上是国家对劳动者以自己的劳动为社会作出贡献的一种肯定,普遍性作为工伤保险制度的重要特征,无论时代如何变迁都不应有所改变。

(二) 劳动关系认定标准模糊

在现行捆绑模式下,劳动关系的认定是大前提。然而,我国在实践中劳动关系的认定一直是一个难点。在理论或实践中,劳动关系的认定依然是以从属性为最重要的判断标准,人格从属性强调雇主的指挥控制权和劳动者受掌控的地位。在人工智能背景下,人类劳动的从属性不断弱化,在人格从属性方面,人类劳动可以利用人工智能远程控制功能进行作业,并且拥有选择接受或不接受指令的权利,人

---

① 葛蔓. 德国工伤保险制度的特点及成功之处[J]. 中国劳动,1998(3):32-35.

格从属性弱化。① 然而,"非典型劳动关系大多采用非标准劳动契约的形式,法律关系更加复杂。《中华人民共和国劳动法》和《中华人民共和国劳动合同法》对于劳动关系判定标准的规定本身就不够具体,加之大陆法系成文法典不可避免地存在着一些弊端,裁判者面对雇佣形式的日益多元化,常常依据典型劳动关系的判定标准对新出现的雇佣关系进行定位,从而造成劳动关系认定范围过于狭窄,判断过于僵化。"②

关于劳动关系的认定,各地也在不断地进行探索。例如,上海市人力资源和社会保障局等八部门于 2022 年联合发布了《关于维护新就业形态劳动者劳动保障权益的实施意见》(沪人社规〔2022〕1 号),该实施意见规定:"企业对劳动者进行严格劳动管理,劳动者对企业有较强从属性,符合确立劳动关系情形的,企业应与劳动者订立劳动合同,履行劳动用工义务。企业采用劳务派遣、非全日制等方式用工的,应严格执行法律规定。对不完全符合确立劳动关系情形但企业对劳动者进行劳动管理,劳动者劳动过程要遵守平台企业确定的算法等规则的,企业应与劳动者订立书面协议,协商确定工作报酬、工作时间、职业保护等权利义务内容。个人依托平台自主开展经营活动、从事自由职业的,按照民事法律调整双方的权利义务。"可以说,多年以来,劳动关系的认定严重依赖从属性理论,然而"从属性"本身就是抽象性的框架标准,想要细化为放诸四海皆准的条条款款难度极大。因此,控制到何种程度即具有人格从属性,依赖到何种程度就具有经济从属性等具体内容仍然需要裁判者自由心证。

有学者指出:"以从属性为核心的劳动关系认定规则,其劳动关系的基本概念均以工业社会下的劳动关系特征为原型。20 世纪初期,欧美等的工业化进程不断加快,传统工厂制下,工人在固定时间、固定地点下,遵从雇主的指挥管理。这种劳动形态被提炼为以'一重劳动关系、八小时全日制劳动、遵从一个雇主'为特征的标准劳动关系,其核心是'雇员对雇主的隶属关系'。"③然而,由于用工模式的改变,新业态从业人员并未将本人劳动力与用人单位的生产资料相结合,雇员对雇主的

① 邓雪,曾新宇.人工智能视域下劳动法困境及对策研究[J].工会论坛——山东省工会管理干部学院学报,2020(4):102-109.

② 冯彦君,张颖慧."劳动关系"判定标准的反思与重构[J].当代法学,2011(6):92-98.

③ 王增文,陈耀锋.新业态职业伤害保障制度的理论基础与制度构建[J].西安财经大学学报,2022(2):74-83.

隶属关系弱化,劳动关系是否成立存在较大争议。

在世界范围内,新业态从业人员与平台企业之间究竟是劳动关系、劳务关系、合作关系抑或其他关系,都是一个重要的法律问题。2016年,英国最高法院作出一项判决,判定零工模式的代表性企业——Uber,其平台上的司机有权享有最低工资、带薪休假等"劳工权利"。法官做出此判决的五个认定理由如下。①车费标准是Uber确定的,司机不得收取高于Uber应用程序计算的车费,因此司机的工作报酬是由Uber决定的,司机事实上为Uber工作并与Uber签订了合同。②司机提供服务的合同条款是由Uber单方强加的,司机没有发言权。③司机一旦登录Uber应用,司机是否接受乘车请求的选择就会受到Uber的制约。④Uber还对司机提供服务的方式进行了重大管理与控制。⑤Uber将乘客和司机之间的沟通限制在执行特定行程所需的最低限度,并采取积极措施防止司机与乘客建立任何能够超越个人乘车的关系。① 2021年2月,英国最高法院裁定Uber司机为优步的"员工(worker)",应当享受英国劳动法中对于worker的部分权益。但在英国,worker非"劳动者(employee)",属于劳动者(受英国劳动法的全面保护)与自雇者(self-employed,不受英国劳动法的保护)的中间形态,仅可受到劳动法的部分保护(如最低工资、休息休假、职业危害防护等)。②

同样的被告,同样的问题,在美国也多次出现。2018年4月,美国宾夕法尼亚东区地区法院认定根据《公平劳动标准法》和相关宾夕法尼亚州法律,Uber司机是独立承包商,从而无权享有劳动法下的最低工资和加班工资。法院认为,Uber的零工模式与劳动雇佣模式的差别在于如下六个方面:①Uber司机有权决定何时何地使用软件,有权不让Uber在汽车上展示Uber的名称,有权不穿着Uber制服等。②Uber司机可以选择接单或不接单,甚至可以选择为Uber的竞争对手工作。③Uber司机自行承担购买及保养汽车(劳动工具)的费用。④驾驶技能不属于特殊技能。⑤Uber司机可以自由决定提供服务的时间,而且该项工作不具有持久性。⑥叫车服务只是Uber提供的多种服务之一。③ 2020年8月,美国加利福尼亚

---

① 魏浩征. Uber的"零工"启示:劳资关系迎来大变局[EB/OL]. (2021-03-07)[2022-12-13]. https://baijiahao. baidu. com/s?id=1693502163536259117&wfr=spider&for=pc.

② 自由通. 从Uber案看平台用工应当具备的四大核心功能[EB/OL]. (2021-05-21)[2022-12-13]. https://www. sohu. com/a/467798045_120427112.

③ 魏浩征. Uber判决的"零工"启示[EB/OL]. (2021-03-05)[2022-12-13]. https://jg-static. eeo. com. cn/article/info?id=a3c29950ccd8cefe2e7d4247c203b42e.

州的一名法官批准了州政府的初步禁令请求,要求 Uber 和 Lyft 不得将其司机归类为独立承包商而非雇员。此前,Uber 和 Lyft 被指控违反了 2020 年 1 月 1 日生效的一项美国加利福尼亚州的新法律(《零工经济法案》)。该法案规定,如果企业决定工人的工作方式,或工作是员工正常业务的一部分,公司就要将工人归类为雇员。①

在法国,2020 年 3 月最高法院判定一名 Uber 司机为平台正式雇员。起因是该司机提起诉讼,要求自己被视为 Uber 的员工并享有相应权利,法国地方法院判定该司机与 Uber 之间存在劳动关系,Uber 不服提出上诉,法国最高法院维持了地方法院的判决,认为这名司机的"自雇佣"身份是"虚构"的。最高法院这一判决的最主要依据是平台与司机之间存在"从属关系":司机无法和乘客建立联系,工作是在平台指令下进行的,司机也无法自行决定定价等,因而司机应该被认为是"雇员"。②

2021 年 3 月,西班牙政府出台了首部《骑手法》,明确了外卖骑手与外卖平台之间存在劳动关系。西班牙首次以立法形式承认了外卖骑手的雇员地位,使外卖骑手获得了法律的支持。此后,公司将为外卖骑手缴纳社会保险,外卖骑手将正常享受各项劳工待遇。同时,根据西班牙政府的公告,《骑手法》还进一步规定了平台主动公开算法的义务,因为此前外卖平台一直把 App 之外的所有送餐成本转嫁给骑手。③

2021 年 9 月,荷兰阿姆斯特丹法院裁定,网约车公司 Uber 的司机是员工,而非独立的承包商,因此根据当地劳动法,Uber 司机有权享有正式员工的权利。法院认为,Uber 平台上的司机受到《出租车运输集体劳动协议》的保护,Uber 需为平台司机提供更多的福利,包括解雇司机与司机生病时的权益保障,并且 Uber 还因未能履行劳动条款而被罚款 5 万欧元。④

①　界面快报.“非员工”等于“无保障”? 加州法院裁定 Uber 和 Lyft 不得将司机归为独立承包商[EB/OL]. (2020-08-11)[2022-12-13]. https://www.jiemian.com/article/4806447_qq.html.

②　澎湃新闻.劳动论|法国早已判定优步司机为雇员,平台劳工处境为何依旧[EB/OL]. (2021-03-03) [2022-12-13]. https://baijiahao.baidu.com/s?id=1693198111063967107&wfr=spider&for=pc.

③　人民资讯.西班牙“骑手法”正式生效外卖员评价褒贬不一[EB/OL]. (2021-08-16)[2022-12-13]. https://baijiahao.baidu.com/s?id=1708214202340719074&wfr=spider&for=pc.

④　张雅婷,张晓凤.荷兰法院判决 Uber 司机为“员工”,而非独立的承包商[EB/OL]. (2021-09-14) [2022-12-13]. https://baijiahao.baidu.com/s?id=1710884330842074510&wfr=spider&for=pc.

2022年11月,日本东京都政府认定当地 Uber Eats 存在不平等对待员工行为,并命令 Uber Eats 日本运营商与其员工的工会代表进行谈判。Uber Eats 是 Uber 旗下的外卖服务平台,在多个国家与当地供应商合作提供送餐服务,其外卖服务于2016年进入日本市场。媒体评论指出,越来越多的日本民众在这类公司的零工平台工作,零工从业者得不到保护的情况越发凸显。东京劳动关系委员会责令外卖服务 Uber Eats 的日本运营商回应与外卖工人工会就薪酬和事故赔偿进行的集体谈判。外卖工人工会成立于2019年10月,始终致力于推动 Uber Eats 运营商就合同条款进行谈判,并寻求改善工作条件。Uber Eats 一直辩称,使用该平台工作的人是合同工,而非公司的正式员工。东京劳动关系委员会最终采纳了这样的观点:从事线上一次性工作的"零工"也是《工会法》规定的工人。这也是日本第一个将零工归类为工人的法律决定。同时,东京劳动关系委员会认定,即使外卖工人与 Uber Eats 运营商没有签订雇佣合同,他们也是 Uber Eats 的重要劳动力。做出此决定的核心依据是:虽然外卖工人可以自由选择上班时间和地点,也可以拒绝要求,但自由裁量的余地很小,受到指挥和监督。[①]

在国际上,新业态从业人员与平台之间构成何种关系尚未达成统一认识,但近年来出现了判定为雇佣关系的倾向性。各国法院的裁判标准和依据存在一定的差异,不过对劳动过程的控制权和对劳动者的指挥权仍是较为重要的标准。因此,整体来看,从属性依然是判定劳动关系的核心,但人们对从属性的理解存在不同。可以说,多年来,从属性理论对劳动关系的判定起到了决定性的作用,但从属性的缺陷亦非常明显。有学者认为:"平台用工的定性之所以会发生争议,是因为从属性理论预设了所谓'正相关'前提和'二分法'前提,而平台用工的理论和实践不同程度地否认了这两项前提,突破了从属性理论……针对平台用工的难题,大部分历史经验都已经运用到理论和实践之中,而未来的应对方案要直面历史经验的局限,对突破从属性理论作出限制,长远来看还要对从属性理论的存废作出抉择。"[②]也有学者质疑以从属性来判断劳动关系的逻辑思路:"雇主对雇员的'控制'和雇员对雇主的'从属性',与其说是雇佣关系的特征,倒不如说是雇佣关系的后果。劳动法理

---

① 刘锋.日本 Uber Eats 被责令与其员工工会就薪酬等条款进行谈判[EB/OL].(2022-11-28)[2022-12-18].https://www.dsb.cn/203472.html.

② 阎天.用工平台规制的历史逻辑——以劳动关系的从属性理论为视点[J].中国法律评论,2021(4):43-50.

论将该后果反过来作为判断雇佣(劳动)关系成立的标准与依据,并就此认为与雇主控制的权力相对应,需要求其对雇员的劳动条件保障承担相应的责任。这种一定程度上的'倒果为因'其实并未能解决为何'从属性'成为雇佣关系认定标准及其制度展开的理论问题,仍需另外的理论解释。"[①]

(三)是否构成劳动关系分歧较大

学界对于新业态从业人员与平台企业之间是否构成劳动关系存在较大争议,主要有三类不同的观点。

第一类观点认为新业态职业的从属性并未减弱,因而可以成立劳动关系或雇佣关系。例如,有学者认为,互联网经济中的用工,其从属性并未减弱而是增强。一是经济从属性增强。在随时面临失业、收入中断的压力下,即使同一工作岗位,灵活雇佣劳动者表现出比正式雇员更多地对雇主的经济依赖。二是人格从属性增强。互联网企业无时无刻不在对平台劳动者下达工作指令、进行工作指挥。从互联网平台的用工关系实质来看,作为人格权最重要内容的人身自由权,互联网经济中的劳动者受到相比传统企业中的直接监控更加严格的人格约束。劳动者的人格从属性表现得更为突出。三是组织从属性增强。互联网平台企业虽然不限制劳动者转换工作,但是劳动者是否转换工作必须考虑企业信誉评级系统对自身工作机会和收入的影响。互联网经济中的劳动者在企业信誉评级系统的作用下,并不具有实质的、有效的雇主选择自由,互联网平台企业由此制造了劳动者对平台企业强有效的依附关系。[②] 还有学者认为,网络时代没有改变雇员从属性的实质。其一,工人在很多情况下自己提供工具,正是共享经济的重要特征,是现代经济资源共享的重要体现,并不影响从属性的实质。其二,很多平台用工实行计件工资而不是计时工资,这一现象在传统劳动关系中就已出现,并非新鲜事物。其三,很多平台工人的报酬来自和平台收入按比例的分成,主要是因为平台的收入主要来自工人提供的服务,而服务价格可以量化,加上平台往往无须计算传统企业场地、设备、原材料等成本,因此,平台和工人可以直接按收入的一定比例分成,这是由服务内容的

---

①　肖竹.劳动关系从属性认定标准的理论解释与体系构成[J].法学,2021(2):160-176.

②　常凯,郑小静.雇佣关系还是合作关系?——互联网经济中用工关系性质辨析[J].中国人民大学学报,2019(2):78-88.

特点所决定的,也没有改变劳动关系的本质。[①] 德国学者 Kocher 和 Hensel 主张平台与劳务提供者之间存在劳动关系,最主要的证据是平台建立了针对劳务提供者的反馈、评价和排名体系。[②] Krause 提出顾客评价的标准是平台设定的,平台在与劳务提供者的合同中单方面决定了强制性的服务方式,例如车辆的类型和状况、劳务提供者面对顾客的衣着和举止。[③] 英国学者 Kenner 认为,零工面临的最大困难是他们就业状况的不确定性。全球范围内存在一种典型的错误做法:将零工工人打上"独立承包商"的标签。新技术可以解放消费者和工人,但它不是逃离法律的正当理由。法律应当确保零工工人在工作的所有时间段能够获取最低工资,并使得零工工人有机会缴纳养老金。零工工人应当与其他工人一样缴纳社保和税款。[④] 美国学者 Steinberger 认为,作为一个社会,我们很早就已经建立这样的共识:某些事情比公司利润更加重要,最低工资和安全工作环境就是这样的事情。允许公司通过简单地重命名它们的员工(将雇员重命名为"独立承包商")来规避劳工保护规定,只会使公司更加肆无忌惮,最终完全废除由法律建立的长期以来对劳工的保护。[⑤]

第二类观点认为新业态用工的从属性与传统用工相比有所减弱,不符合劳动关系从属性的标准。有学者认为:"共享经济中的用工是闲置劳动力资源在非典型共享经济中的专职化……此时,劳务提供者又不会受到传统工作中时间和空间的限制。此种用工类型表现出了自由化的倾向。但由于劳务提供者可以自己掌握工作的时间和强度,其人格的从属性很弱。报酬上,劳务提供者一般是按次计酬,平台并不控制工资,经济上的从属性也相对弱化。另外,此时劳务提供者更是不从属于企业的体系,也未纳入企业组织之中,组织的从属性也较难符合,不符合从属性

① 谢增毅.互联网平台用工劳动关系认定[J].社会观察,2019(2):77-79.

② KRAUSE R. Herausforderung Digitalisierung der Arbeitswelt und Arbeiten 4.0[J]. NZA-Beilage, 2017(2):53-59.转引自王天玉.超越"劳动二分法":平台用工法律调整的基本立场[J].中国劳动关系学院学报,2020,4:66-82.

③ KOCHER E, HENSEL I. Herausforderungen des Arbeitsrechts durch digitale Plattformen- ein neuer Koordinationsmodus von Erwerbsarbeit [J]. Neue Zeitschrift für Arbeitsrecht,2016(16):984.

④ KENNER J. Uber drivers are 'Workers'—The Expanding Scope of the 'Worker' Concept in the UK's Gig Economy[J]. Chapter 11 in Kenner J, Florczak I & Otto M (eds), Precarious Work. The Challenge for Labour Law in Europe,2019.

⑤ Steinberger B Z, Candidate J D. Redefining 'Employee' in the Gig Economy: Shielding Workers from the Uber Model [J]. Journal of Corporate & Financial Law,2018,23(2):577.

理论的要求。"①也有学者认为:"在零工经济的任务化用工下,劳务提供者受到平台企业控制的特征并不明显。第一,接受任务的相对独立性。在零工经济下,劳务提供者在未接入平台软件时处于相对自由的状态,不负有接受任务的义务。在这种情形下,平台企业对劳务提供者的工作缺乏指挥或控制的权利。第二,执行任务的相对独立性。劳务提供者在确认接受订单任务后,平台企业并不直接对其工作进行管理,具体的任务内容并非由平台企业制定,而是由具体的劳务需求者提出……第三,任务监督规则的性质模糊。"②关于零工经济中的劳资关系,有学者认为:"在零工经济下,零工劳动者不负有接受任务的义务,其在未接受任务时处于相对自由的状态,平台企业不能直接对其工作进行指挥、管理,意即零工劳动者和平台企业之间并未形成具有控制意义的指挥权……平台企业的相关规则一般都是为了确保服务的质量与安全,缺乏相应的惩戒规定。基于以上内容,任务化用工弱化了用工关系的人格从属性……由于零工劳动者数量众多,单个劳动者提供的劳动很难被定义为平台企业经营整体的必要部分。"③还有学者认为:"零工经济对传统劳动关系的冲击不仅限于劳动时间、劳动地点和劳动报酬的变化,更在劳动关系从属性的本质特征上对传统劳动关系进行了解构。""对于工作任务的分派,零工经济平台是基于算法、GPS等技术进行信息分发的,劳动者可以自主选择接受或拒绝工作……因此,传统劳动关系的人格从属性在零工经济的冲击下受到了削弱……由于零工经济工作波动性较大,劳动者获得工作机会并取得劳动报酬的时间、方式都不同于传统劳动关系。同时,劳动者可能在不同的平台之间切换工作,因此平台支付给劳动者的劳动报酬不具备持续性。"④

　　第三类观点认为新业态从业人员与平台之间既不是传统的雇佣关系,也不是独立承包商之类的合作关系,而是一类新型的特殊关系。西班牙学者 Todoli-Signes 认为,数字时代极大地改变了产业结构,导致了互联网空间适用法律规则的不确定性。"按需经济""共享经济"等新型商业模式不断出现,这些新型商业模式致力于将消费者与个性化服务提供商直接联系起来。在此种商业模式下,劳动法

　　①　于莹.共享经济用工关系的认定及其法律规制——以认识当前"共享经济"的语域为起点[J].华东政法大学学报,2018(3):49-60.
　　②　班小辉."零工经济"下任务化用工的劳动法规制[J].法学评论,2019(3):106-118.
　　③　武辉芳,谷永超.我国零工劳动者权益保护的困境与出路[J].北京社会科学,2022(9):85-91.
　　④　涂永前.零工群体劳动权益保护研究:域外实践及我国的应对[J].政法论丛,2021(2):64-76.

面临着巨大的挑战,因为它将要作出裁判的情形与创立时已经完全不同了。对于在在线平台工作的劳动者,应当适用特殊的劳动法。[①] 在西班牙、意大利等国家,针对不同职业有不同的劳动法规,通常被称为特别劳动法。这些特别劳动法旨在使劳动法规满足不同职业的需要。

关于新业态从业人员的工作性质,有学者认为:"平台用工之劳务提供者在学理上应是'类雇员',这一概念如同从属性一样,源自德国,或者说是从属性在学理上的副产品……平台用工作为类雇员工作模式在网络环境下的新形式,本质上是将零散的、个别发生的、以劳务为内容的承揽,通过网络技术快速升级为社会化的服务形态……理解平台用工的内核是承揽合同,脉络是承揽合同社会化,由此导致承揽人的经济从属性增强,使之成为需要社会保护的一类群体,介于劳动者与民事主体之间。"[②]还有学者认为:"有必要借鉴德国'类雇员'制度等,建立中间类别劳动者制度,进一步厘清平台与灵活从业者之间的法律关系,并在此基础上探讨劳动关系和社会保险关系'解绑'的可能性,以及'解绑'后如何保护劳动者社会保险权利。"[③]一方面,"劳动三分法"可以解决"劳动二分法"带来的劳动法和社会保险法的僵化适用问题,回应处于劳动法罅隙中平台灵活从业者的关切;另一方面,"劳动三分法"可在一定程度上将社会保险关系与劳动关系"解绑",身份的合法化定性可打破"捆绑"依赖路径的掣肘,用于建立适合"第三类劳动者"本质的社会保险权益保护体系。[④]

人力资源和社会保障部等八部门共同印发的《新就业形态指导意见》指出:"对不完全符合劳动关系情形但企业对新业态劳动者进行劳动过程管理的,即新业态劳动者有较强的工作安排自主权,在线工作接受平台规则管理或算法约束并获取劳动报酬的,企业应与劳动者协商订立书面用工协议,确定双方的权利义务。"对此,有学者认为,该文件虽然创新性地提出了不完全符合劳动关系的劳动者类型,

① TODOLÍ-SIGNES A. The "gig economy": employee, self-employed or the need for a special employment regulation? [J]. SAGE Publications, 2017, 2(23):93.

② 王天玉. 超越"劳动二分法":平台用工法律调整的基本立场[J]. 中国劳动关系学院学报, 2020(4): 66-82.

③ 杨复卫. 灵活用工"泛平台化"突围:基于从业者社会保险权益保障的视角[J]. 理论月刊, 2022(10): 139-150.

④ 王天玉. 超越"劳动二分法":平台用工法律调整的基本立场[J]. 中国劳动关系学院学报, 2020(4): 66-82.

对于解决新就业形态劳动者存在的劳动关系认定困境具有开创性意义,但对于如何界定第三类劳动者仍然存在着较大争议。对于新就业形态劳动者的保护应当主要以经济依赖性为判断标准,淡化对新业态从业人员人格从属性的执着……第三类劳动者内部存在着较大差异,使得新业态的劳动关系标准难以统一。该文件目前给出了劳动关系认定的核心指标——"对劳动者进行管理",但可操作性较差,各地方可以根据实际情况对这一标准进行细化,增强其可操作性。①

是否构成劳动关系直接决定了新业态从业人员的职业伤害保障力度和水平。然而,劳动关系的判定标准本身就是一个极具争议性的话题,从属性固然是其重要特征,但由于缺少衡量的标尺,无论在理论上还是在实务中,对于从属性两种或三种类型的判断往往更加依赖主观倾向与自由心证,裁判者经常以原则、抽象性的要素代替客观、明确性的标准。2005 年,劳动和社会保障部发布的《关于确立劳动关系有关事项的通知》规定,用人单位招用劳动者未订立书面劳动合同,但同时具备下列情形的,劳动关系成立:①用人单位和劳动者符合法律法规规定的主体资格;②用人单位依法制定的各项劳动规章制度适用于劳动者,劳动者受用人单位的劳动管理,从事用人单位安排的有报酬的劳动;③劳动者提供的劳动是用人单位业务的组成部分。虽然年代久远,但《关于确立劳动关系有关事项的通知》目前依然有效,亦是判定劳动关系的重要法律依据。根据该通知,判断劳动关系成立的核心标准包括"受用人单位的劳动管理""用人单位安排的有报酬的劳动"和"提供的劳动是用人单位业务的组成部分"三条,分别对应人格从属性、经济从属性和组织从属性。然而,"劳动管理""报酬劳动""业务组成"均为高度抽象的表述,具体应用时需要进一步解释。例如,"劳动管理"是一个相当宽泛的概念,包括对劳动力、劳动对象、劳动手段、劳动过程等进行计划、调动、组织、控制、监督的全过程。"受用人单位的劳动管理"究竟是指劳动的某一环节受用人单位的控制,还是指劳动的全部环节均受用人单位的监督? 由于缺少具体标准,不同的解释方法必将得出相异的结论。在前提性概念尚不明晰的情形下,新业态从业人员的职业伤害保障就陷入了困境。

---

① 涂伟,王文珍,王雪玉. 谁是我国的第三类劳动者? 基于从属性特征的类型学及其工作条件组间差异分析[J]. 中国人力资源开发,2023(2):73-86.

第四章 新业态职业伤害保障的制度调试

从基本权利的视角来看,职业伤害保障的直接权利基础是职业安全权,新业态从业人员的职业伤害保障因此具有了伦理上的正当性。由于我国尚无全国统一的新业态职业伤害保障制度,因此新业态职业伤害保障的重点首先应当放在普遍适用性上。根据保障来源的不同,新业态职业伤害保障模式可以划分为工伤保险保障模式、其他社会保险保障模式和商业保险保障模式。

一、工伤保险保障模式

工伤保险是专为劳动者提供工伤保障的制度形态,我国工伤保险制度的法律依据包括 2011 年实施的《中华人民共和国社会保险法》(以下简称《社会保险法》)和 2010 年修订的《工伤保险条例》。《社会保险法》将工伤保险的适用对象限定为"职工"。《工伤保险条例》规定工伤保险的适用对象为"职工或雇工"。工伤保险的缴费主体包括我国境内的企业、事业单位、社会团体、民办非企业单位、基金会、律师事务所、会计师事务所等组织和有雇工的个体工商户。可见工伤保险主要适用于标准劳动关系,如若将新业态从业者纳入其中,则需对目前的制度形式进行调整。

(一) 纳入工伤保险

工伤保险具有强制性、无偿性、保障性等重要特征,同时工伤赔偿以无过错为基本原则,决定了其制度功能无法轻易被其他保险替代。从保障劳动者权益的角度出发,将新业态从业人员全部纳入工伤保险保障范围无疑是最优选择。2015 年 7 月,人力资源社会保障部、财政部发布了《关于调整工伤保险费率政策的通知》,按照《国民经济行业分类》的划分标准,根据不同行业的工伤风险程度,由低到高,依次将行业工伤风险类别划分为一类至八类。一类至八类行业的全国工伤保险基准费率分别控制在该行业用人单位职工工资总额的 0.2%、0.4%、0.7%、0.9%、1.1%、1.3%、1.6%、1.9%左右。其中,一类行业包括软件和信息技术服务业,货币金融服务,资本市场服务,保险业,其他金融业,科技推广和应用服务业,社会工作,广播、电视、电影和影视录音制作业,中国共产党机关,国家机构,人民政协、民主党派,社会保障,群众团体、社会团体和其他成员组织,基层群众自治组织,国际组织。有学者认为,一类行业发生工伤的概率是比较低的,其中一些单位与工业化没有太多关系。而远比这类行业人群职业风险高的一些"非职工"群体,为何不能被纳入工伤保险保护对象?这其中主要不是行业区别的问题,而是区别对待"职工"与"非职工"的体制问题。这不符合劳动者无贵贱的理念。[①]

将新业态从业人员纳入工伤保险制度,从实际操作的角度至少需要解决缴费主体、保障水平、工伤认定等疑难问题。因此,在具体内容方面可能需要一定的调整。在实践中,一些地方也进行了积极的尝试。《南通市灵活就业人员工作伤害保险暂行办法》第二条规定:"凡在市区各级劳动事务所、人才交流中心等劳动、人事事务代理机构代理劳动保障关系,为雇用人提供服务,由雇用人支付报酬,或以本人名义申请办理了个体工商户营业执照,且未与用人单位(企业、事业单位或私人企业等)建立劳动关系的人员,方可申请办理工作伤害保险参保手续。"《南通市灵活就业人员工作伤害保险暂行办法》第三条规定:"工作伤害保险费率暂定为 0.5%,工作伤害保险缴费基数与养老保险费、医疗保险费一致并同步征收,应于参保年度的上一年 12 月份年度结转期前一次性缴纳,年中参保人员须在参保时一次性缴足次月起当年应缴的全部费用。灵活就业人员参加工作伤害保险并缴纳工作伤害保险费的,从办理手续次月起可以享受工作伤害保险相关待遇。缴纳工作伤害保险费后被用人单位录用的,保险关系即自然终止。参保人应主动办理停保手续,退回保费,经办机构不再承担保险责任;未停保的,经办机构一经发现从用人单位录用

---

① 陈敏."非职工"群体纳入工伤保险制度保障探析[J].政治与法律,2017(2):151-160.

的次月退还保费,用人单位为其从月初开始缴费的,从参保之月起退费。"

南通市对新业态从业人员实行的工伤保险保障模式实际上属于将新业态从业人员纳入工伤保险制度的模式,只是根据实际做出了一定的调整。首先,在参保主体方面,限定为在本市各级相关机构中存在代理劳动保障关系、存在实际用工关系且未与用人单位建立劳动关系的新业态从业人员。其次,在保险费率方面,新业态从业人员参保工伤保险的费率为 0.5%,同时要求工伤保险费的缴费基数与养老保险费、医疗保险费一致并同步征收。与标准劳动关系劳动者参保工伤保险相比,新业态从业人员参保工伤保险的整体费率较低。2020 年,南通市政府公布了《南通市政府关于修改〈南通市工伤保险暂行办法〉的决定》,工伤保险基准费率由原来缴费基数的 0.8%~3.1%降到缴费基数的 0.2%~1.9%。再次,在工伤认定方面,与《工伤保险条例》的规定相比,《南通市灵活就业人员工作伤害保险暂行办法》工作伤害认定的范围较窄:一是未将患职业病的情形认定为工作伤害;二是未将在上下班途中,受到非本人主要责任的交通事故或者城市轨道交通、客运轮渡、火车事故伤害的情形认定为工作伤害;三是未将法律、行政法规规定应当认定为工伤的其他情形囊括其中。最后,在缴费主体方面,实际上由新业态从业人员自行负担,从办理手续次月起可以享受工伤保险待遇,待遇水平参照《工伤保险条例》,由工伤保险基金支付。同时规定一旦新业态从业人员与用人单位建立劳动关系,工伤保险待遇随之终止。

2009 年,潍坊市劳动和社会保障局发布了《关于灵活就业人员参加工伤保险的通知》。该通知是我国最早对新业态从业人员工伤保险进行规定的文件,第一部分规定了参保主体:"凡在我市各级劳动保障事务代理中心、人才交流中心等劳动人事事务代理机构代理劳动关系的各类灵活就业人员,均须参加工伤保险,并由劳动人事事务代理机构办理参保手续。"第二部分规定了保险费率:"工伤保险费缴纳根据'以支定收、收支平衡'的原则,确定灵活就业人员缴费费率按二类行业基准费率收取,纳入工伤保险基金管理。灵活就业人员工伤保险费缴费数额暂按以下公式计算,与职工基本养老保险费、基本医疗保险费同步缴纳:每人每月应当缴纳的工伤保险费=参保职工社会保险费月缴费基数×1%。"

潍坊市对新业态从业人员实行的工伤保险保障模式也属于将新业态从业人员纳入工伤保险制度的模式,只是时间更早,与南通市也存在一些不同之处。首先,在参保主体方面,潍坊市虽然也将主体限定为在本市各级相关机构中存在代理劳动关系的新业态从业人员,但要求符合条件者必须参加工伤保险,南通市则是自愿参加。其次,在保险费率方面,与南通市相同,潍坊市也要求工伤保险费要与职工基本养老保险费、基本医疗保险费同步缴纳。对于费率计算,与南通市不同,潍坊市的标准为参保职工社会保险费月缴费基数×1%。再次,在工伤认定方面,与南通市不同,潍坊市将职业病纳入工伤保险的保障范围。《潍坊市灵活就业人员工伤认定暂行办法》第二条规定:"灵活就业人员发生事故伤害或者按照职业病防治法规定被诊断、鉴定为职业病,应当自事故伤害发生之日或者被诊断、鉴定为职业病之日起30天内,向档案托管地劳动保障行政部门提出工伤认定申请。未按前款规定时限提出工伤认定申请的,在事故伤害发生之日或者被诊断、鉴定为职业病之日起1年内,灵活就业人员或其直系亲属仍然可以向劳动保障行政部门提出工伤认定申请。但在劳动保障行政部门受理之前发生的、符合《工伤保险条例》规定的工伤待遇等有关费用,由其自行负担。"最后,在缴费主体方面,《关于灵活就业人员参加工伤保险的通知》规定:"灵活就业人员发生工伤,经工伤认定、劳动能力鉴定后按照《工伤保险条例》《山东省贯彻〈工伤保险条例〉试行办法》(鲁政发〔2003〕107号)及我市相关规定享受工伤保险待遇。"《工伤保险条例》规定:"应由用人单位支付的待遇,由灵活就业人员自己承担。"这与南通市的规定基本相同,缴费主体实际上均为新业态从业人员本人。

(二)单独参加工伤保险

与将新业态从业人员纳入工伤保险制度的模式不同,单独参加工伤保险模式无须同步缴纳养老保险费和医疗保险费,仅需单独缴纳工伤保险费,突破了"多合一"的社会保险费用缴纳方式。2019年,浙江省人力资源和社会保障厅发布了《浙江省人力资源和社会保障厅关于优化新业态劳动用工服务的指导意见》(以下简称《指导意见》),第四部分第八项规定:"积极探索新业态从业人员职业伤害保障机制。新业态从业人员可以按规定先行参加工伤保险。新业态企业依托平台经营的,鼓励平台主动发挥用工主体作用,加强用工管理。发挥用工主体作用的平台可以为新业态从业人员以全省上年度职工月平均工资为基数单险种参加工伤保险,平台承担用人单位依法应承担的工伤保险责任。平台可以通过购买商业保险的形式,把应承担的工伤保险责任转由商业保险承担。建立多重劳动关系的新业态从业人员,各用人单位应当分别为其缴纳工伤保险费。"根据《指导意见》,浙江省内的新业态从业人员可以单独参加工伤保险,平台企业可以为本企业的新业态从业人员单独参加工伤保险。

2020 年,广东省人力资源和社会保障厅、广东省财政厅、国家税务总局广东省税务局联合发布了《关于单位从业的超过法定退休年龄劳动者等特定人员参加工伤保险的办法(试行)》,第二条明确规定:"新业态从业人员通过互联网平台注册并接单,提供网约车、外卖或者快递等劳务的,其所在平台企业可参照本办法自愿为未建立劳动关系的新业态从业人员单项参加工伤保险、缴纳工伤保险费,其参保人员参照本办法的规定享受工伤保险待遇。国家出台实施新业态从业人员职业伤害保障政策的,从其规定。"

杭州市人力资源和社会保障局、杭州市财政局、国家税务总局杭州市税务局随后于 2021 年发布了《关于印发部分特定人员参加工伤保险办法(试行)的通知》,第一部分规定:"已在杭办理工商注册登记的平台企业,通过互联网平台接受从业者注册并接单,对通过平台接单在本市行政区域范围,以平台企业名义提供送餐、网约车、即时递送(快递)劳务,未与平台企业建立劳动关系的从业人员(以下称'新业态从业人员'),平台企业可参照本办法为其办理单险种参加工伤保险,缴纳工伤保险费。国家、省出台实施新业态从业人员职业伤害保障政策的,从其规定。"为了防止出现不符合条件的人员单独参加工伤保险,《关于印发部分特定人员参加工伤保险办法(试行)的通知》还规定:"任何单位(组织)不得为非本单位(组织)使用人员办理单险种参加工伤保险,也不得将应当依法参加社会保险的职工改为单险种参加工伤保险。"

2020 年,湖州市人力资源和社会保障局发布了《湖州市人力资源和社会保障局等 5 部门关于试行快递企业等新业态从业人员职业伤害保障办法的通知》;2020年,金华市人力资源和社会保障局发布了《中共金华市委全面深化改革委员会办公室 金华市人力资源和社会保障局关于开展新业态从业人员职业伤害保障试点的指导意见》;2020 年,衢州市人力资源和社会保障局出台了《衢州市人力资源和社会保障局 衢州市财政局 国家税务总局衢州市税务局关于印发〈衢州市新业态从业人员职业伤害保障试行办法〉的通知》。2021 年,宁波市人力资源和社会保障局发布了《宁波市优化新业态劳动用工服务实施办法(暂行)》(以下简称《办法》),《办法》规定:"电子商务、网络约车、网络送餐、快递物流等新业态企业可为与其建立劳动关系的从业人员先行参加工伤保险,以及为非全日制用工从业人员单独参加工伤保险。新业态企业依托平台经营的,鼓励平台主动发挥用工主体作用,加强用工管理。发挥用工主体作用的平台先行参加工伤保险的,平台承担用人单位依法应承担的工伤保险责任。平台可以通过购买商业保险的形式,把应承担的工伤保险责任转由商业保险承担。建立多重劳动关系的新业态从业人员,各用人单位应分别为其缴纳工伤保险费。"

2021 年,绍兴市越城区人力资源和社会保障局发布了《关于试行新业态从业人员职业伤害保障有关事项的通知》,规定了在自愿的基础上,由新业态企业根据自身实际需求,可以为其从业人员优先参加工伤保险。这些新业态企业是指:营业执照在本区行政范围内,主要经营范围包含邮政速递、快递业务或网络配送服务(餐饮),并建立规范的用工管理制度的企业。同时,《关于试行新业态从业人员职业伤害保障有关事项的通知》还规定了可以单独参加工伤保险的新业态从业人员的条件:①年龄满 16 周岁,男性不超过 65 周岁、女性不超过 60 周岁且未享受机关事业单位养老保险待遇或职工基本养老保险待遇;②以平台接单或派单形式从事快递业务、网络配送等劳务获得报酬的邮政速递、快递业务、网络送餐行业一线工作岗位人员。关于缴费,《关于试行新业态从业人员职业伤害保障有关事项的通知》规定:"新业态企业参加工伤保险以全省上年度全社会单位就业人员年平均工资为基数,行业基准费率根据营业执照规定的行业类别确定,实行费率浮动,每年调整一次。新业态企业缴纳工伤保险费,其从业人员不缴纳。"同时,"新业态企业应按月向区税务局申报缴纳工伤保险费";"从业人员与多个新业态企业存在用工关系的,各新业态企业可以分别为其优先参加工伤保险"。

浙江省多个地方关于新业态从业者单独参加工伤保险的尝试推动了国家相关部门的政策出台。2021 年 12 月,人力资源社会保障部办公厅、国家邮政局办公室联合印发了《人力资源社会保障部办公厅 国家邮政局办公室关于推进基层快递网点优先参加工伤保险工作的通知》,该通知规定:"用工灵活、流动性大的基层快递网点可优先办理参加工伤保险,其中,已取得邮政管理部门快递业务经营许可,具备用人单位主体资格的基层快递网点,可直接为快递员办理优先参保;在邮政管理部门进行快递末端网点备案,不具备用人单位主体资格的基层快递网点,由该网点所属的具备快递业务经营许可资质和用人单位主体资格的企业法人代为办理优先参保,原则上在快递业务经营许可地办理参保,承担工伤保险用人单位责任。"同时,该通知指出:"对难以直接按照工资总额计算缴纳工伤保险费的,原则上按照统筹地区上年全口径城镇单位就业人员平均工资和参保人数,计算缴纳工伤保险费。"

2022 年 2 月,海南省人力资源和社会保障厅、海南省邮政管理局和海南省社会保险服务中心联合发布了《海南省人力资源和社会保障厅 海南省邮政管理局 海南省社会保险服务中心关于做好基层快递网点优先参加工伤保险工作的通知》,该通知规定:"我省行政区域内用工灵活、流动性大的基层快递网点(含邮政网点),可优先单险种参加工伤保险,将基层快递网点中不完全符合确立劳动关系但企业对劳动者进行管理的,从事快递收寄、分拣、运输、投递、查询等服务的从业人员,纳入工伤保险保障范围。"该通知进一步明确:"基层快递网点优先参加工伤保险按我省上年度全口径城镇单位就业人员平均工资为缴费基数,缴费费率按本单位行业差别费率及其档次执行。从业人员个人不缴费。"该通知还规定:"从业人员同时在两个或两个以上基层快递网点工作的,各基层快递网点应当分别为其缴纳工伤保险费;发生工伤事故伤害的,由其遭受事故伤害时工作的基层快递网点依法承担相应的工伤保险责任。"另外,该通知还明确了:"用人单位不得将应依法参加社会保险的从业人员改办优先单险种参加工伤保险方式。劳务派遣公司不得为被派遣从业人员办理优先单险种参加工伤保险。"

2022 年 3 月 1 日起施行的《浙江省快递业促进条例》,第五章从业人员权益保障部分的第四十条明确规定:"快递经营企业应当与从业人员依法订立劳动合同,依法参加职工基本养老保险、职工基本医疗保险、失业保险、工伤保险等社会保险,保障从业人员劳动权益。快递经营企业在快递业务量高峰时段临时聘用人员的,应当与其订立非全日制用工劳动合同,明确双方权利义务,履行劳动安全卫生保护责任。快递经营企业应当通过单险种参加工伤保险形式为临时聘用人员提供工伤保险待遇。"至此,浙江省内快递行业的新业态从业人员,单独参加工伤保险有了明确的法规依据。对此,相关新业态企业和从业者都表示很高兴。中通快递浙江省负责人倪根炎认为:"以较少的工伤保险费用支出,获得有力的职业伤害保障,既消除了员工的后顾之忧,又分散了企业经营风险,提高了企业凝聚力。"一位快递小哥则表示:"快递工作十分特殊,每天都在路上跑,工作场景风险很高,一直很担心自己的人身安全。期待、盼望了很多年,终于能够参加工伤保险,自己总算有了一份职业安全保障。"①

---

① 中国日报网.浙江推动 20 余万名快递员参加工伤保险[EB/OL].(2022-01-29)[2023-03-29]. https://baijiahao.baidu.com/s?id=1723275712025377006&wfr=spider&for=pc.

二、其他社会保险保障模式

（一）基本医疗保险＋商业意外事故险保障方案

有学者认为,对比职工基本医疗保险与工伤保险,可以发现两者在疾病诊断和治疗项目上保持一致,区别仅是享受保险待遇者自负的额度,职工基本医疗保险不支付伤残补助金、丧葬补助金、供养亲属抚恤金、生活护理费等,工伤保险则无须参保人自负。据此,如果为新业态从业者建立强制的基本医疗保险制度,实际上可以在一定程度上化解其遇到意外伤害的风险。同时,可以考虑通过减免税的方式鼓励平台企业为新业态从业者购买商业意外事故险,尽可能地填补基本医疗保险无法支付的部分以及其因工身故的损失。[①] 基本医疗保险＋商业意外事故险保障方案的核心是:新业态从业者在工作中遇到的大部分工作伤害和意外伤害的治疗费用由医疗保险来承担,不足部分由商业意外事故险来填补。

此方案能够实施的前提是新业态从业人员应当全部参加基本医疗保险。从抽样调查的情况来看,新业态从业人员参加基本医疗保险的情况并不乐观。目前,在尚未参加基本医疗保险的人群中,新业态从业者占四成。从就业类型来看,快递员、外卖骑手、网约车司机占33.0%,网络主播、自由撰稿人等自由职业者占11.7%,传统的零工、家政服务员、保安、保洁等灵活就业人员占19.0%。据美团研究院的调查,截至2021年年底,新业态从业人员有8 000多万人。在8 000多万新业态从业人员中,参加职工基本医疗保险的大致有2 160万人,参加城乡居民基本医疗保险的大致有3 800多万人。在上述参保者中,有1 500多万人中断了医保关系;在全部新业态从业人员中,有约1 280万人从未参加过基本医疗保险。[②] 我国现行的医疗保险制度主要包括职工基本医疗保险和城乡居民基本医疗保险两大类。职工基本医疗保险具有强制性,《国务院关于建立城镇职工基本医疗保险制度的决定》

[①] 娄宇.平台经济从业者社会保险法律制度的构建[J].法学研究,2020,42(2):190-208.

[②] 谭中和.快递员、外卖员……新业态从业人员参保缴费怎么做?[EB/OL].(2023-03-21)[2023-03-29].https://view.inews.qq.com/qr/20230321A06PD400.

明确规定:"城镇所有用人单位,包括企业(国有企业、集体企业、外商投资企业、私营企业等)、机关、事业单位、社会团体、民办非企业单位及其职工,都要参加基本医疗保险。"城乡居民基本医疗保险则属于自愿参保,一般具有本地户籍且未纳入职工基本医疗保险的人员均可参保。

新业态从业人员的工作地点不固定,工作时间分散,雇佣关系存在争议,导致这一群体参加职工基本医疗存在较大障碍。对此,有学者认为,经济从属性应当遵循实质性标准和客观性标准,在一个计算单位内(即法律上的一天和一周)割裂的工作时间和连续发生的工作时间并无本质区别,同样可以作为认定与平台形成经济从属关系的依据。未来可以将从接单开始至配送完成的时间作为工作时间,将在单一平台的工作时间达到全日制用工标准的配送员作为职工基本医疗保险的强制参保人,由平台和配送员按照《中华人民共和国社会保险法》规定的比例共同缴纳保费参保。[①] 具体来说,可以在新业态从业人员数量较多和收入较理想的地方先行制定地方性法规,强制要求每日工作时间达到全日制劳动者标准的新业态从业人员依照当地的相关规定参加职工基本医疗保险。平台企业应当在接单收入中预扣一定比例的个人缴费额,按月统计累计工作时间达到全日制用工标准的新业态从业人员数量和收入水平,定期向社会保险费征收机构缴纳保险费,再按月定期结算并支付新业态从业人员接单的实际收入。[②]

(二)职业伤害保险保障方案

1. 理论中的共识

早在 20 多年前,就有学者提出了一个问题:同样是应对工伤问题,为什么就职于不同部门的劳动者要用不同的办法?[③] 长期以来,工伤保险并未如其他社会保险一样开放自愿参保的渠道,这使得劳动关系的认定成为新业态从业人员获得工伤保险保障的最大障碍。是否有必要针对新业态从业人员建立职业伤害保险保障

---

① 娄宇.新业态从业人员职业伤害保障的法理基础与制度构建——以众包网约配送员为例[J].社会科学,2021(6):20-29.

② 娄宇.平台经济从业者社会保险法律制度的构建[J].法学研究,2020,42(2):190-208.

③ 孙树菡,张思圆.建立统一的职业伤害保险制度[J].中国社会保障,2003(8):20-21.

制度,甚至在更大范围内建立全体劳动者皆可参加的统一职业伤害保障制度成为近年来的热点问题。对此,有学者认为,此项制度如果因灵活就业的发展而设立,那么该制度的适用对象就应是灵活就业人员。同时,此项制度应为独立于现行工伤保险的社会保险制度。新业态职业伤害保障制度应发挥的作用是工伤保险之外的"安全网",使脱离劳动关系的灵活就业人员能够获得保障。鉴于此项制度旨在弥补社会保险的制度空白,那么其性质应当是与现行工伤保险制度并行的一种社会保险制度。①

随着新业态从业人员"类雇员"身份的认同度日益增加,理论和实务界对于职业伤害保险制度的建立有了更多的共识。"创设相对独立的职业伤害保障制度是目前学界较为倾向的方案,也是政府部门所支持的。职业伤害保障制度同样是社会共济的思路,作为一种创设的全新保障制度,它和现行的工伤保险制度是平行的,不存在从属关系。"②还有学者认为:"我国不完全劳动关系对新业态从业者身份塑造的首要意义在于为新业态职业伤害保险制度的建构提供一个逻辑起点,将这一新型就业形态下的职业风险与劳动关系下的工伤风险区分开来,探索新的保障机制,确立其独立的制度发展走向,实现与相关制度的衔接配合……新业态从业者与传统劳动者均通过社会化劳动得以实现生存保障,前者所面临的职业风险在一定程度上系平台利用算法技术的客观结果,不应完全由从业者自担,故需建立具有强制性特征的职业伤害保险制度。"③"毋庸置疑,单纯依赖商业保险的高保费、低保险待遇和非强制性的社会保险模式无法为新业态从业人员提供充分的职业伤害保障。我国亟待建立社会化的职业伤害防控和保险保障机制,以减轻和分散新业态从业者面临的职业伤害风险。"④

关于职业伤害保险具体的制度设计,有学者认为:"一是在责任主体上,提倡劳动者与平台企业共同缴费,强化劳动者及平台企业的社会保险教育及社会责任意识……二是在缴费方式上,采取个人缴费和集体缴费两种渠道。对于个人缴费来说,采取'累计工时、按单预扣、按月结算'的方式,建议以平台企业当地最低工资标

① 王天玉.关于新业态职业伤害保障制度构建的思考[N].工人日报,2021-03-31(7).
② 岳经纶,刘洋."劳"无所依:平台经济从业者劳动权益保障缺位的多重逻辑及其治理[J].武汉科技大学学报(社会科学版),2021(5):518-528.
③ 王素芬,郭雨苗.新业态从业者职业伤害保险制度之构建[J].行政与法,2022(12):115-124.
④ 白艳莉.新业态从业人员职业伤害保障体系构建研究[J].中州学刊,2022(7):80-89.

准为基数,平台企业作基本保障,劳动者缴纳部分可成为提高劳动者社会保险待遇水平的依据。"①也有学者提出:"确保新业态职业伤害保险在覆盖主体范围上应具有开放性,将户籍、职业性质、用工形式等排除在准入门槛之外,重点是避免以建立劳动关系、参加当地基本养老与医疗保险为捆绑要件……简化职业伤害认定程序性事项,减少从业人员申请职业伤害认定时的材料数量和附加条件……只要求新业态从业人员在进行职业伤害认定时向相关部门提供证明文件,确保伤害事件的真实性即可。"②还有学者提出:"新业态从业人员的工作灵活性高,在现实中会出现一个新业态从业人员同时在多家平台从业的情况。在这种情况下为了防止重复参保,可以创新缴费方式,采用按单缴费的方式……根据大数据精算,将新业态从业人员的职业伤害缴费平摊到每单进行扣缴,针对每个行业的不同情况先设置一定的职业伤害保险费率,计算保费。新业态从业人员与平台企业将两者创造的共同利益按照保险费率进行缴费,缴费可以由平台企业代为扣缴。"③

2. 实践中的探索

2019 年,江西省九江市人力资源和社会保障局印发了《九江市灵活就业人员职业伤害保险办法(试行)》,根据该办法,九江市新经济新业态下的灵活就业人员均可参加职业伤害保险。缴费方式有两种:一是以个人身份已参加了城镇职工养老保险、医疗保险或城乡居民医疗保险的人员,可直接到银行网点缴纳职业伤害保险费,或通过手机关注"九江社保"微信公众号,缴纳职业伤害保险费,缴纳费用后视为参加职业伤害保险;二是未以个人身份参加城镇职工养老保险、医疗保险或城乡居民医疗保险的人员,需先到务工地社保局窗口办理职业伤害保险参保手续,再到相关银行或通过手机缴费。参加职业伤害保险人员从缴费的次日起可以享受职业伤害保险待遇。灵活就业人员参加职业伤害保险,缴费标准暂定为每人每年180 元,实行一年一缴。在保险待遇方面,参保人员可以享受以下待遇。一是职业伤害住院医疗费。参保人员因职业伤害导致住院产生的医疗费用,先经医疗保险

① 韩烨.网约工职业伤害保障的制度构建[J].吉林大学社会科学学报,2022(3):140-151.

② 苏炜杰.我国新业态从业人员职业伤害保险制度:模式选择与构建思路[J].中国人力资源开发,2021(3):74-90.

③ 王增文,杨蕾.数字经济下新业态从业人员职业伤害保障的构建逻辑与路径[J].山西师大学报(社会科学版),2022(3):73-78.

报销,然后将政策范围内余额部分扣除200元免赔额,最后按80%赔付职业伤害住院医疗费,每一参保年度以2万元为限。二是职业伤害伤残补助金。根据伤残等级不同享受4 000～80 000元的补助。三是职业伤害住院津贴。参保人员因职业伤害导致住院的,住院期间按每天50元给付住院津贴,每一参保年度以1 500元为限。四是职业伤害身故补助金。参保人员因受到职业伤害导致死亡,其法定受益人按照规定一次性享受职业伤害身故补助金20万元。

2021年12月,人力资源和社会保障部、财政部、国家税务总局等十部门联合印发了《关于开展新就业形态就业人员职业伤害保障试点工作的通知》,明确提出为适应平台企业跨区域经营、线上化管理的特点,在工伤保险制度框架下,解决职业伤害保障不平衡不充分的问题。经国务院同意,决定在北京、上海、江苏、广东、海南、重庆、四川七省市选择部分规模较大的出行、外卖、即时配送和同城货运平台企业参加职业伤害保障试点。试点于2021年年底前启动,试点期限为两年。从试点参保主体的选择来看,出行、外卖、即时配送和同城货运平台的劳动者高度依赖城市道路交通环境,属于工作伤害风险较高的新业态从业人员;从试点地方来看,七个省市的新业态行业较为发达,从业者人数众多,具有较高的参考价值。按照试点的工作时间线,七个省市从政策角度作出了积极回应。

2021年,北京市就业工作领导小组印发了《关于促进新就业形态健康发展的若干措施》,其中提道:"按照国家部署,以出行、外卖、即时配送、同城货运等行业的平台企业为重点,建立职业伤害保障制度,保障遭受职业伤害的'平台网约劳动者'获得医疗救治和经济补偿。鼓励平台企业为新就业形态劳动者购买人身意外、雇主责任等商业保险,引导商业保险公司开发适合的产品,提升保障水平。"北京市人力资源和社会保障局在《北京市人力资源和社会保障局2022年法治政府建设年度情况报告》中指出:"自觉运用法治思维和法治方式推进改革,制定《北京市人力社保服务规范》,推进'全城办同标办'。制定职业伤害保障试点方案和经办细则,稳妥推进新就业形态劳动者劳动保障。"

2022年,上海市人力资源和社会保障局等八部门联合发布了《关于维护新就业形态劳动者劳动保障权益的实施意见》,该意见明确提出,以社会关注度较大、职业伤害风险较高的出行、外卖、即时配送、同城货运行业的平台企业为重点,积极开展本市平台灵活就业人员职业伤害保障试点工作,平台企业应按规定参加。采取政府主导、信息化引领和社会力量承办相结合的方式,建立健全职业伤害保障管理服务规范和运行机制,积极运用互联网思维改进服务模式,加快推进经办服务数字化转型。加强试点期间职业伤害保障运行分析,研究解决试点中的新情况新问题,探索完善职业伤害保障的覆盖群体、参保缴费、保障情形、待遇支付等政策规定。上海市政府在 2022 年人力资源和社会保障工作视频会议中提到,将开展平台灵活就业人员职业伤害保障试点,并探索在新就业形态劳动者集中的行业培育劳动争议调解组织,全面提升调处效能。

2022 年,江苏省人力资源和社会保障厅在发布的《江苏省新就业形态就业人员职业伤害保障试点实施办法》提出要推动出行、外卖、即时配送、同城货运等行业的平台企业将符合条件的劳动者全部纳入职业伤害保障范围,通过政府主导和引进商业保险公司承办相结合的方式,提升新业态劳动者保障水平。同年,江苏省人社厅印发了《关于维护新就业形态劳动者劳动保障权益的意见》,明确提出,按照国家部署,开展江苏省平台灵活就业人员职业伤害保障试点,组织出行、外卖、即时配送、同城货运等行业的平台企业按规定为新业态劳动者参加平台灵活就业人员职业伤害保障,缴纳职业伤害保障费。鼓励企业通过购买与基本医疗保险相衔接的商业补充医疗保险、人身意外保险、雇主责任险等商业保险,提升新业态劳动者保障水平。

2022 年,广东省人力资源和社会保障厅等八部门联合发布了《关于维护新就业形态劳动者劳动保障权益的实施意见》,该意见提出按照国家部署开展新就业形态就业人员职业伤害保障试点,将出行、外卖、即时配送、同城货运等平台试点企业的新就业形态人员纳入职业伤害保障范围。研究制定职业伤害保障业务经办规程,推动业务办理"打包办"和"线上办"。鼓励新业态企业通过购买人身意外保险、雇主责任险、医疗保险等商业保险,进一步提升新业态劳动者待遇保障水平(省人力资源和社会保障厅、省税务局、广东银保监局按职责分工负责)。同时,鼓励新业态企业与新就业形态劳动者代表或相关工会组织搭建平等协商平台,建立诉求表达及矛盾纠纷调处机制。畅通"粤省事""12345""12333""12328""12351""12355"等维权投诉举报渠道。2022 年,广东省总工会等七部门制定了《关于推进广东省新就业形态劳动者入会和权益保障工作的若干意见》,强调要全力推动形成党委领导、政府职能部门各司其职、工会推进落实、社会广泛参与的维护新就业形态劳动者劳动保障权益的良好氛围与工作机制。

2021 年 12 月,海南省人力资源和社会保障厅等九部门联合出台了《海南省维护新就业形态劳动者劳动保障权益实施办法》，该实施办法的适用主体是"依托互联网平台在我省行政区域内就业的网约配送员、网约车驾驶员、网约货车司机、代驾司机、互联网营销师等新就业形态劳动者"。该实施办法第十二条规定："企业应当依法为符合确立劳动关系情形的劳动者参加社会保险并缴纳社会保险费，引导和支持不完全符合确立劳动关系情形的劳动者根据自身情况参加相应的社会保险。在我省企业就业的劳动者中外省户籍灵活就业人员，可凭有效居住证参加我省职工基本养老保险、职工基本医疗保险。未参加职工基本养老保险、职工基本医疗保险的灵活就业人员，可按规定参加城乡居民基本养老保险、城乡居民基本医疗保险。"2022年，海南省人力资源和社会保障厅等十一部门联合发布了《海南省新就业形态就业人员职业伤害保障实施办法（试行）》，将以社会关注度较大、职业伤害风险较高的出行、外卖、即时配送和同城货运行业为重点，通过分行业先行试点，优先解决新就业形态就业人员职业伤害保障问题。

2021年，重庆市人力资源和社会保障局等十一部门联合发布了《关于维护新就业形态劳动者劳动保障权益的实施意见》，提出将强化职业伤害保障，按照国家统一部署建立职业伤害保障制度，以出行、外卖、即时配送、同城货运等行业的平台企业为重点，组织开展国家平台灵活就业人员职业伤害保障试点，督促平台企业按规定参加。鼓励平台企业通过购买人身意外保险、雇主责任险等商业保险，提升平台灵活就业人员保障水平。平台企业应为符合确立劳动关系情形的劳动者参加工伤保险，在两个及以上平台企业同时就业的，平台企业应当分别为其缴纳工伤保险费〔责任单位：各区县（自治县）人民政府、市人力社保局〕。2022年，相关部门又印发了《重庆市新就业形态就业人员职业伤害保障业务经办和征收管理规程（试行）》，该规程的第四章第二十条规定："新就业形态就业人员发生职业伤害等情形，平台企业应当在伤害发生之日起3个工作日内，通过全国信息平台向我市职业伤害发生地的区县人力社保行政部门提出职业伤害保障待遇给付申请，上报事故报案信息、银行账户信息等，全国信息平台同步推送至我市集中系统。"

2021年，四川省人力资源和社会保障厅等十一部门联合印发了《关于维护新就业形态劳动者劳动保障权益的指导意见》，该指导意见提出维护劳动者获得职业伤害保障的权利。按照国家统一部署，以出行、外卖、即时配送、同城货运等行业的部分平台企业为重点，适时在四川省组织开展平台灵活就业人员职业伤害保障试点，优先解决平台网约劳动者职业伤害保障问题。鼓励平台企业、快递企业通过购买人身意外保险、雇主责任险等商业保险,提升平台灵活就业人员保障水平(各级人力资源社会保障部门、交通运输部门、邮政管理部门、总工会按职责分工负责)。同时,采取政府主导、信息化引领和社会力量承办相结合的方式,建立健全职业伤害保障管理服务规范和运行机制,探索适合新就业形态的社会保险经办服务模式。2022年,相关部门又出台了《四川省新就业形态从业人员职业伤害保障实施办法(试行)》,该办法提出逐步将出行、外卖、即时配送和同城货运行业的就业人员纳入工伤保障范围,并规定平台企业按单量为新业态从业人员缴纳职业伤害保障费,实现每单必报、每人必保。出行、外卖、即时配送和同城货运每单的缴费基准额分别为0.04元、0.06元、0.04元、0.2元。若因工作受到事故伤害将可享受包括医疗待遇、伤残待遇、死亡待遇在内的职业伤害保障待遇。

三、商业保险保障模式

商业保险是指投保人根据合同约定,向保险人支付保险费,保险人对于合同约定的可能发生的事故因其发生所造成的财产损失承担赔偿保险金责任,或者当被保险人死亡、伤残、疾病或者达到合同约定的年龄、期限等条件时承担给付保险金的责任。商业保险是覆盖范围最广的保险种类之一,通常包括财产保险和人身保险两大类。人身保险又可以分为健康保险、人寿保险和伤害保险。人力资源和社会保障部的调查显示,在缺少工伤保险保障的大背景下,许多平台都通过购买商业意外险来实现从业人员的职业伤害保障。例如,美团为众包骑手配置的商业意外险,保险费用为每人每日3元,保障时间为当日接首单时到当日23时59分,商业意外险包含意外身故意外伤残以及意外住院医疗,意外身故伤残最高赔付10万元,按照伤残等级给付;意外住院医疗最高赔付1万元,意外住院(含门诊)符合社保规定可报销的医疗费用,超过100元的部分按80%给付医疗保险金(需扣除医保或其他途径已补偿部分)。与社会保险相比,商业意外险申请赔偿的限制条件较多,赔偿数额也有限,但投保范围更广,费用缴纳方式也更加灵活。目前,有些行业和地方在积极探索新业态职业伤害保障的商业保险模式。

2021年,交通运输部、国家邮政局等七部门联合印发了《关于做好快递员群体合法权益保障工作的意见》,提出要推动企业为快递员购买人身意外保险,探索建立更灵活、更便利的社会保险经办管理服务模式。2021年,中国银行保险监督管理委员会发布了《关于进一步丰富人身保险产品供给的指导意见》,提出要加大特定人群保障力度,积极发挥商业保险补充作用,与基本社会保障制度加强衔接,充分考虑新产业新业态从业人员和各种灵活就业人员的工作特点,加快开发适合的商业养老保险产品和各类意外伤害保险产品,提供多元化定制服务。2022年,中邮人寿保险股份有限公司为300多万快递员设计研发了一份专属意外险产品,该产品为普惠型产品,投保年龄为18~65岁,快递揽投、运输等一线人员保费为223元/年,快递行业内勤人员保费为111元/年,平均每日保费折算下来不到1元。保障范围包括:一般意外伤害保险责任(10万元)、意外住院医疗保险责任(1万元)、意外重症监护室住院津贴保险责任(500元/天)、特定日期意外伤害额外给付保险责任(10万元)。同时,综合考虑快递行业不同于一般行业的工作时间和工作节奏,针对节假日、大型购物节等业务激增的高峰期,提供额外保障,并拓展了新冠身故保险、伤残责任保险。

近年来,江苏省一直在积极探索新业态职业伤害保障的商业保险模式。与单纯的商业保险保障模式不同,江苏省在实践中增加了政府的财政支持,以期为新业态从业人员提供更好的保障。2018年,江苏省苏州市吴江区政府印发了《吴江区灵活就业人员职业伤害保险办法(试行)》,虽然名为"职业伤害保险",但承办单位为商业保险公司,因此将其归入商业保险保障模式更为合适。该办法规定,吴江区灵活就业人员职业伤害保险通过政府购买服务的方式,委托商业保险公司承办。区人社部门制定具体实施细则,加强试行工作指导督促;卫生和计划生育、财政等相关部门在部门职能范围内做好协调监督管理工作。吴江区的职业伤害保障模式本质上仍属于商业保险的范畴,但"该模式在市场化的商业保险基础上体现了国家干预的因素,其盈利属性受到控制并享受一定的财政补贴"。[①] 在保费缴纳方面,该办法规定职业伤害保险按照保障适度、权责对等的原则,确定职业伤害保险费,暂定每人每年180元,由参保人员个人缴纳。在该办法试行期间,已经参加了吴江区灵活就业人员职工养老保险或医疗保险的人员再参加吴江区灵活就业人员职业伤害保险,由财政补助每人每年120元。在保险待遇方面,该办法规定了新业态参保人员受到职业伤害可以享受的五类待遇。第一类是职业伤害医疗费,每一参保

① 李满奎,李富成.新业态从业人员职业伤害保障的权利基础和制度构建[J].人权,2021(6):70-91.

年度以 3 万元为限,非因职业伤害产生的医疗费用不予赔付。第二类是职业伤害伤残补助金,参保人员按照劳动能力鉴定伤残等级享受职业伤害伤残补助金,最高为一级伤残 15 万元。第三类是职业伤害伤残津贴,参保人员受到职业伤害后,被鉴定为一至六级伤残的可享受,津贴最高为一级伤残 21 万元。第四类是职业伤害生活自理障碍补助金,参保人员被鉴定为生活自理障碍的可享受,按照自理能力障碍划分为 4 万、2.5 万、1 万三档。第五类是职业伤害身故补助金,参保人员受到职业伤害导致死亡的,其近亲属可以领取,赔付标准为一次性支付 40 万元。

2022 年,江苏省常熟市人力资源和社会保障局印发了《常熟市新业态从业人员职业伤害保险办法(试行)》,该办法规定承办职业伤害保险项目的商业保险机构(以下简称"承保商业保险机构")为保险人。符合参保条件参加职业伤害保险的灵活就业人员为投保人和被保险人。在保费缴纳方面规定职业伤害保险按照保障适度、权责对等、自愿参保原则,确定职业伤害保险费,由承保商业保险机构办理参保手续,按年收取保费。保费暂定为每人每年 360 元,由投保人个人缴纳。在保险待遇方面,该办法规定了新业态参保人员可以享受的五类职业伤害保险待遇。第一类是意外身故责任,每人每年 40 万元。第二类是抢救无效身故责任,即参保人突发疾病身故或者在 48 小时之内经抢救无效身故的,可以获得每人每年 5 万元的赔付。第三类是意外伤残责任,根据《人身保险伤残评定标准》的鉴定等级来赔付,最高为每人每年 40 万元。第四类是意外医疗费用,在二级及以上医疗机构发生的必须且合理的医疗费用,扣除其他途径获得补偿或给付的部分,每次扣除免赔额 100 元后按 80% 比例赔付,最高为每人每年 2 万元。第五类是意外住院津贴,参保人因职业伤害住院的,按住院天数补贴每人每天 30 元,单次住院以 90 天为限,全年以 180 天为限。

四、福利型保险保障模式

早在 2014 年,江苏省太仓市政府就印发了《太仓市灵活就业人员职业伤害保险暂行办法》。在参保主体方面,该办法第二条规定:"本办法所称的灵活就业人员,是指本市户籍劳动年龄段内未与任何用人单位或雇主存在劳动关系(包括事实劳动关系),从事非全日制工作或者自由择业,且不在《工伤保险条例》规定参保范围内的人员。"在参保范围方面,该办法第五条规定:"灵活就业人员参加本市社会保险(包括城镇企业职工养老保险或居民养老保险、城镇职工医疗保险或居民医疗保险),并正常缴纳社会保险费的,均可参加灵活就业人员职业伤害保险。"该办法第七条规定:"灵活就业人员参加职业伤害保险,须持本人居民身份证、社会保障卡,在每年的 4 月 1 日—5 月 31 日到居住地社区、村劳动保障服务站办理登记参保。失业人员须在失业的次月内办理登记参保。"该办法第八条规定了无法享受待遇的情况:"职业伤害保险参保人员进入用人单位就业,或中断缴纳社会保险费的,视作职业伤害保险自行退保,不再享有相应的待遇。"在保费缴纳方面,该办法规定:"职业伤害保险基金根据以支定收、收支平衡的原则筹资,列入社会保险补贴范围,参保人员个人不承担缴费。"该办法第十一条规定:"建立职业伤害保险基金财政专户,实行专户核算管理,专项用于本办法规定的职业伤害保险待遇。职业伤害保险基金不足支付时,由市财政承担。同时,积极探索引入市场化保险运行机制,促进职业伤害保险制度的可持续发展。"在保险待遇方面,该办法第十六条规定:"职业伤害保险参保人员受到职业伤害后,其医疗费用由医疗保险基金按照工伤保险相关规定标准结报。"该办法第十七条规定了职业伤害保险参保人员受到职业伤害后,按照劳动能力鉴定伤残等级享有以下待遇。一是社会保险补贴,从作出劳动能力鉴定结论的次月起,享受本市灵活就业人员社会保险缴费补贴,伤残等级为1～4 级的,享受全额补贴;伤残等级为 5～6 级的,享受 80% 的补贴。二是基本生活补助,伤残等级为 1～4 级的,从作出劳动能力鉴定结论的次月起,每月按照城乡居民低保标准发放职业伤害基本生活补助,发放至按月领取养老金之月停止;伤残等级为 5～10 级的,分别一次性发放 12 个月、10 个月、8 个月、6 个月、4 个月、2 个月的生活补助。

通过以上规定内容可以看出如下几点。首先,太仓市的新业态职业伤害保险带有明显的福利性质,无须参保人员缴纳任何费用,而是由相关部门建立专门的职业伤害保险基金账户,当保险基金不足以支付时,由政府财政兜底。其次,由于是福利型的职业伤害保险模式,对于参保人员的要求较为严格,参保人员必须是具有太仓市户籍,且劳动年龄段内未与任何用人单位或雇主存在劳动关系(包括事实劳动关系),从事非全日制工作或者自由择业,且不在《工伤保险条例》规定参保范围内的人员。再次,在工伤认定范围方面,太仓市的规定主要参考了《工伤保险条例》的内容,但排除了以下情形:①患职业病的;②上下班途中受到非本人主要责任的交通事故或者城市轨道交通、客运轮渡、火车事故伤害的;③因工外出期间,由于工作原因受到伤害或者发生事故下落不明的;④在工作时间和工作岗位,突发疾病死亡或者在 48 小时之内经抢救无效死亡的;⑤职工原在军队服役,因战、因公负伤致残,已取得革命伤残军人证,到用人单位后旧伤复发的。最后,在保险待遇方面,太仓市基本参照了工伤保险的待遇水平,规定当参保人员受到职业伤害后,其医疗费用由医疗保险基金按照工伤保险相关规定标准结报。

第五章　新业态职业伤害保障的模式选择

一、对于现有保障模式的分析

关于哪种保障模式更有利于保护新业态从业人员的职业安全与健康,更能适应我国的国情与现实,现从以下几个方面进行分析。

首先,在参保主体和缴费要求方面。纳入工伤保险保障模式一般要求参保人员除工伤保险费外,还需同步缴纳职工基本养老保险费和基本医疗保险费,缴费门槛较高;单独参加工伤保险保障模式无须参保人员同步缴纳职工基本养老保险费和基本医疗保险费,仅需用工单位缴纳工伤保险费即可,但有一些地方增加了对参保人员年龄和就业范围的限制;基本医疗保险＋商业意外事故险保障模式要求参保人员要参加基本医疗保险,同时新业态用工企业要为参保人员购买商业意外事故险,缴费限制较多;职业伤害保险保障模式目前更多的是在探索中,江西九江市目前的缴费标准暂定为每人每年 180 元,实行一年一缴,且无须参保人员同步缴纳养老保险费和医疗保险费,缴费负担较轻;商业保险保障模式可以分为有政府财政支持和无政府财政支持两类,有政府财政支持的缴纳费用通常不超过 200 元,无政府财政支持的缴纳费用在 200~400 元不等;福利型保险保障模式要求参保人员需参加本市的社会保险,包括城镇企业职工养老保险或居民养老保险、城镇职工医疗保险或居民医疗保险,并正常缴纳社会保险费,才可以参加新业态职业伤害保险。参保人员不需要缴纳任何费用,缴费负担较轻。

其次,在参保方式和工伤认定方面。

① 在纳入工伤保险保障模式中:南通市的参保方式为自愿参加,与标准劳动关系劳动者参加的工伤保险相比,工伤认定的范围较窄,未将患职业病和在上下班途中,受到非本人主要责任的交通事故等伤害的情形认定为工伤;潍坊市的参保方式具有强制性,要求符合条件者必须参加,与标准劳动关系劳动者参加的工伤保险相比,工伤认定的范围略窄,虽然将职业病纳入了保障之中,但缺少了视同工伤的情形。

② 在单独参加工伤保险保障模式中:广东省采取的是自愿原则,在工伤认定方面按照《工伤保险条例》《广东省工伤保险条例》等有关规定执行;杭州市、湖州市、金华市、衢州市、宁波市、绍兴市越城区的参保方式均为自愿参加,在工伤认定方面主要围绕"三工"(工作时间、工作场所、工作原因)原则开展工作,基本按照《工伤保险条例》《浙江省工伤保险条例》等相关规定执行。

③ 基本医疗保险＋商业意外事故险保障模式由于尚未有地方或行业实践,所以难以明确,从理论上来说,强制性参保同时按照《工伤保险条例》的规定来进行工伤认定有利于在最大限度上保障新业态从业人员的职业安全。

④ 在职业伤害保险保障模式中,江西九江为自愿参保,工伤认定的范围为在从事的职业岗位上,因工作原因受到事故伤害。

⑤ 在商业保险保障模式中,江苏省苏州市吴江区通过政府购买服务的方式,委托商业保险公司承办,由参保人员缴纳费用,符合条件者可享受财政补助,工伤认定的范围是在从事的职业岗位上,因工作受到突发的、非本意的、非疾病的事故伤害,造成身故、残疾、受伤的,可以享受职业伤害保险待遇;江苏省常熟市为自愿参保,由参保人员个人缴纳费用,工伤认定的范围为在从事的职业岗位上,因工作受到突发的、非疾病的事故伤害造成伤亡的,或者突发疾病身故以及在 48 小时之内经抢救无效身故的,可以享受职业伤害保险待遇。

⑥ 在福利型保障模式中,江苏省太仓市以自愿参保为原则,工伤认定的范围主要参考《工伤保险条例》的相关规定,但排除了患职业病等情形。

最后,在保险待遇方面。

① 在纳入工伤保险的保障模式中,江苏省南通市的工作伤害保险待遇包括:a.自伤害发生之日起 2 年以内产生的治疗工伤所需费用,参照工伤保险诊疗项目目录由保险基金支付;b.住院治疗工伤的伙食补助费,以及符合条件的到市外就医所需

的交通费、食宿费、普通公共交通费等按实报支,非住院期间食宿费用为每人每天150元;c.用于工作伤害康复的费用;d.首次安装假肢、矫形器、假眼、假牙和配置轮椅等辅助器具,所需费用参照工伤保险标准报支;e.生活护理费,最高为南通市上年度职工月平均工资的50%,一次性支付到75周岁,最长20年;f.一次性伤残补助金,最高为27个月的本人月缴费工资;g.伤残津贴,最高为本人月缴费工资的90%,一次性支付至男性60周岁,女性55周岁,最长20年;h.丧葬补助金,标准为人社部门公布的6个月的南通市上年度职工月平均工资;i.一次性工亡补助金,标准为上一年度全国城镇居民人均可支配收入的20倍。山东省潍坊市的保险待遇支付标准按照《工伤保险条例》和《山东省贯彻〈工伤保险条例〉试行办法》等相关规定执行。

②　在单独参加工伤保险的模式中,杭州市、衢州市单险种参加工伤保险的特定人员因工作遭受事故伤害或患职业病的,其保险待遇参照《工伤保险条例》《浙江省工伤保险条例》等相关规定执行;湖州市、金华市、绍兴市越城区单险种参加工伤保险的从业人员发生职业伤害的,按照《工伤保险条例》《浙江省工伤保险条例》等相关规定执行。

③　在基本医疗保险＋商业意外险保障模式中,保险待遇主要由基本医疗保险来承担,不足部分由商业意外险来填补。

④　在职业伤害保险保障模式中,江西九江市职业伤害保险的参保人员可以享受的待遇包括:a.职业伤害住院医疗费,免赔额度为200元,每一参保年度最高为2万元;b.职业伤害伤残补助金,根据伤残等级最高赔付8万元;c.职业伤害住院津贴,住院期间按每天50元给付,每一参保年度最高为1 500元;d.职业伤害身故补助金,法定受益人按照规定一次性享受职业伤害身故补助金20万元。

⑤　在商业保险保障模式中,苏州市吴江区参保人员可以享受的待遇包括职业伤害医疗费、职业伤害伤残补助金、职业伤害伤残津贴等。

⑥　在福利型保障模式中,太仓市参保人员可以享受的待遇主要是社会保险补贴和基本生活补助。

二、对于现有保障模式的评价

首先,从参保主体来看,不宜将工伤保险或职业伤害保险与养老保险或医疗保险捆绑。以医疗保险为例,根据全国总工会公布的数据,2021 年,我国的灵活就业人员数量超过了 2 亿人,但参加职工医保的人数仅为 4 853 万人,参保率不足24%。[①] 另有调查显示,不论社会保障还是商业保障,在养老、医疗、失业、工伤、公积金和其他各项中,有 26.3% 的新业态青年(18~45 周岁)没有任何保障。在各类保障中,拥有医疗保险的就业人员比例是最高的,为 51.3%;拥有养老保险、工伤保险、失业保险、住房公积金的就业人员比例分别为 36.4%、40.2%、26.9%、13.4%。[②]同时,《中华人民共和国社会保险法》第六十条第二款规定:"无雇工的个体工商户、未在用人单位参加社会保险的非全日制从业人员以及其他灵活就业人员,可以直接向社会保险费征收机构缴纳社会保险费。"因此,将工伤保险或职业伤害保险与养老保险或医疗保险捆绑的做法不仅提高了新业态从业人员的参保门槛,还违反了法律规定,不利于新业态从业人员的职业安全保障。

其次,从参保方式来看,绝大部分地方采取的方式都是自愿参保,然而自愿参保的弊端明显。从社会保险的性质来看,强制性为其重要特征,强制参保亦应当成为基本原则。我们通过考察社会保险制度的发展历史可以发现,将社会风险分散负担是一以贯之的思想内核。"社会保险制度之所以应运而生,乃是与商业保险领域内的'市场失灵'紧密联系。在商业保险领域中,市场机制起主导作用,商业保险公司作为'经济人'总是遵循自利原则运营。市场机制本身存在诸多弊病,导致商业保险领域存在着诸多市场失灵现象,如'逆向选择'和'道德风险'。"[③]社会保险对于保护社会弱势成员,使其脱离生存困境具有重要意义。例如,1 万元的医疗费用对于经济条件较好的社会成员来说可以轻松负担,但对于贫困的社会成员来说可能是其半年甚至一年的收入。为了解决此类问题,需要社会上的绝大多数成员强制缴纳社会保险费用,使得社会弱势成员在丧失劳动能力、健康状况不佳、失去工作岗位等情形发生时,能够获得经济补偿和物质帮助。由于商业保险无法实现对社会成员提供"互助"的社会经济保障目标,这就需要借助市场外部或非市场的力量进行干预,对市场缺陷进行纠正。社会保险制度正是西欧国家在商业保险保

---

① 暖心财经说.两亿灵活就业人员参保率有多少?有什么方式能帮助他们参保?[EB/OL].(2022-08-30)[2023-04-05].https://baijiahao.baidu.com/s?id=1742601955945743019&wfr=spider&for=pc.

② 朱迪.新业态青年发展状况与价值诉求调查[J].人民论坛,2022(8):18-23.

③ 覃有土,吕琳.社会保险制度本质及具体模式探析[J].中南财经政法大学学报,2003(2):96-100.

障无力的情形下,为实现全面的社会保障目标而体现国家干预的一种新型保障形式。①

在社会保险领域,如若采用自愿参保的方式,其逆向选择的风险必然会升高。有学者认为,为了防止参保成员发生参加社会保险的"逆向选择",必须赋予社会保险强制性。具体而言,社会保险保障作用的发挥是建立在风险发生的基础之上,而不同主体风险发生的大小、概率各不相同,对风险概率大的主体来说,其更愿意加入保险体系以获得保障,而风险概率小的主体便不愿意加入保险。若采取自愿保险的方式,势必产生身体健康、收入较高等风险性低的国民不投保,风险性高、收入低的国民积极投保的逆向选择问题。② 以苏州市吴江区为例,其采用的是新业态职业伤害保障的商业保险模式,职业伤害保险通过政府购买服务的方式,委托商业保险公司承办,参保方式为自愿参保。保费暂定为每人每年 180 元,由参保人员个人缴纳。试行期间,已经参加了吴江区灵活就业人员职工养老保险或医疗保险的人员再参加吴江区灵活就业人员职业伤害保险,由财政补助每人每年 120 元,每人每年仅需缴纳 60 元即可。即便如此,目前的参保率却并不理想。据统计,吴江区以灵活就业人员身份参加企业职工养老保险或医疗保险的有 9.2 万多人,参加职业伤害保险的人数为 17 231 人,参保率不到 19%。③ 事实上,仅仅依靠强制性并不能解决社会保险中的逆向选择问题,但强制参保的方式与自愿参保相比,对逆向选择有一定的抑制作用。

医疗保险中的逆向选择问题较为突出,有研究发现,灵活就业人员参保具有显著的逆向选择效应。无论是在参保决策阶段,还是在险种决策阶段,健康风险显著正向影响参保状态,即健康风险越高的个体参加并选择更高待遇水平医保的概率更大。同时,在一定的保障水平范围内,保障水平的提升能够促进健康水平的提高,但当保障水平超过临界值时,将诱发更为严重的道德风险,反而对健康造成不

---

①　覃有土,吕琳.社会保险制度本质及具体模式探析[J].中南财经政法大学学报,2003(2):96-100.

②　房海军.社会保险费强制征缴的现实之需、实施困境及其应对[J].北京理工大学学报,2019(3):166-173.

③　中国劳动保障报.扫除灵活就业人员的保障盲区——苏州市吴江区试点职业伤害保险工作纪实[EB/OL].(2018-08-31)[2023-04-05].http://www.mohrss.gov.cn/SYrlzyhshbzb/shehuibaozhang/gzdt/201808/t20180831_300293.html.

利影响。① 道德风险作为医疗保险领域的重要问题,获得了学术界的广泛关注。医疗保险通过降低个体的边际护理成本,增加了投保率,此种特征被定义为"道德风险"。有保险时比没有保险时寻求更多医疗服务的行为并非不道德,而是一种理性的经济行为。由于个体超额使用的费用会被分摊到该保险的其他购买者身上,使得个体不会限制自己对医疗服务的使用。如果额外花费部分的边际受益总是超过边际低效损失,个体将会购买全额保险;如果边际损失超过边际收益,个体将不会购买保险。如果个人的需求不同,共同保险的最佳范围将因人而异。② 非市场性最显著的例子就是风险承担。由于疾病在很大程度上是一种不可预测的情况,因此医疗护理与风险承担的相关性非常明显。因为可以将疾病治疗的风险转移给他人,许多人愿意为此支付相应的对价。由于有共同的需求和能力,其他人也愿意共同承担风险。然而,正如我们所看到的那样,许多风险并没有被覆盖。事实上,风险全覆盖的保险服务难以发展起来甚至是根本不存在。③ 工伤保险中同样存在逆向选择问题,与"劣币驱逐良币"的现象相类似。首先,由于无法准确得出各个用人单位的工伤风险数值,那些事故发生次数多、频率高的用人单位更倾向于参加工伤保险;而那些工伤事故发生次数少、频率低的用人单位参加工伤保险的意愿和动力皆不足。"'逆向选择'的客观存在与政府通过强制性制度设计以实现'雇主无责任风险'的目标发生了兼容性矛盾,这一社会保险界的困境,目前正成为我国的工伤保险制度的经典难题。这是因为投保企业的工伤风险无法逐个识别,建立在平均概率基础上的保费将使所有工伤风险概率高于平均概率的企业都会挤进保险市场,从而导致工伤保险市场风险不断加大,形成一个典型的'柠檬市场'。"④ 其次,《社会保险法》第四十二条规定,由于第三人的原因造成工伤,第三人不支付工伤医疗费用或者无法确定第三人的,由工伤保险基金先行支付。工伤保险基金先行支付后,有权向第三人追偿。然而,这样一个从保护劳动者角度出发的良性制度在执行中却面临着诸多困难。先行支付资金难以追回、容易被用人单位利用而逃避法

---

① 何文,申曙光.灵活就业人员医疗保险参与及受益归属——基于逆向选择和正向分配效应的双重检验[J].财贸经济,2020,3:36-48.

② Pauly M V. The Economics of Moral Hazard:Comment[J]. The American Economic Review,1968,58(3):531-537.

③ Arrow K J. Uncertainty and the Welfare Economics of Medical Care[J]. The American Economic Review,1963,5:941-973.

④ 王增文.工伤社会保险中的"逆向选择"问题:内在逻辑与经验分析[J].经济经纬,2013(2):144-149.

律责任等现实问题使得许多地方难以落实工伤保险现行支付的规定。据相关数据统计,在全国每年工伤保险先行支付案例中,约90.6%的先行支付资金没能向有关责任方追偿。参保逆向选择、用人单位逃避应承担的工伤赔偿责任、工伤保险基金流失等风险确实存在。① 湖南省卫计委曾在一份公开答复中指出,根据《社会保险法》的规定,先行支付基金追偿的主体为工伤保险经办机构。过去工伤保险经办机构主要履行基金征收和待遇发放的职责,现在则要担起先行支付的调查、决策、追缴等全新职能,原有的人力、物力均无法适应。同时,先行支付追偿的顺利开展,需要得到法院、银监会等多部门大力支持。就目前工作开展情况来看,这些部门均以工伤保险经办机构无相应权限拒绝支持配合。在各级工伤保险经办机构人员配置未明确以及无法律法规授予工伤保险经办机构相应权限的情况下,出台工伤保险基金先行支付具体实施办法难以落到实处。②

再次,在工伤认定方面,许多地方将职业病排除在新业态工伤范围之外无疑是不合理的。2013年12月23日,国家卫生计生委、人力资源社会保障部、安全监管总局、全国总工会四部门联合印发的《职业病分类和目录》指出我国目前的职业病包括:职业性尘肺病及其他呼吸系统疾病、职业性皮肤病、职业性眼病、职业性耳鼻喉口腔疾病、职业性化学中毒、物理因素所致职业病、职业性放射性疾病、职业性传染病、职业性肿瘤、其他职业病等共计10大类132种。其中,物理因素所致职业病中的中暑对于新业态从业者来说并不少见。根据国家卫健委于2019年1月30日发布的《职业性中暑的诊断》,中暑的诊断原则是:根据高温作业的职业史,出现以体温升高、肌痉挛、晕厥、低血压、少尿、意识障碍为主的临床表现,结合辅助检查结果,参考工作场所职业卫生学调查资料,综合分析,排除其他原因引起的类似疾病,方可诊断。中暑主要包括热痉挛、热衰竭和热射病(包括日射病)三种。2012年6月29日,国家安全生产监督管理总局、卫生部、人社部、全国总工会四部门联合印发的《防暑降温措施管理办法》第十九条规定,劳动者因高温作业或者高温天气作业引起中暑,经诊断为职业病的,享受工伤保险待遇。随着全球气候变暖,极端高温天气的出现频次增加。新业态从业者多就职于外卖、快递、网约车、物流等行业,室外工作的时间长,避暑较为困难,容易中暑。2022年7月,常州市的一位外

---

① 金维刚.完善工伤保险政策与管理,依法维护职工权益[EB/OL].(2016-07-07)[2023-04-15]. https://www.audit.gov.cn/oldweb/n9/n1012/n1017/c85093/content.html.

② 湖南省卫生计生委关于省十二届人大五次会议第2183号建议的答复。

卖员由于重度中暑引发了热射病，不幸离世。① 几天之后，合肥市一位 51 岁的快递分拣员也因为热射病导致多器官功能衰竭不幸离世。② 近年来，"清凉权"的提出反映出社会对此问题的关注。"清凉权"是劳动者享有的防止中暑、降低工作场所温度的权利，性质上属于劳动者的职业健康权。《防暑降温措施管理办法》（以下简称"该办法"）第五条规定，用人单位应当建立、健全防暑降温工作制度，采取有效措施，加强高温作业、高温天气作业劳动保护工作，确保劳动者身体健康和生命安全。该办法第八条规定：①日最高气温达到 40℃ 以上，应当停止当日室外露天作业。②日最高气温达到 37℃ 以上、40℃ 以下时，用人单位全天安排劳动者室外露天作业时间累计不得超过 6 小时，连续作业时间不得超过国家规定，且在气温最高时段 3 小时内不得安排室外露天作业。③日最高气温达到 35℃ 以上、37℃ 以下时，用人单位应当采取换班轮休等方式，缩短劳动者连续作业时间，并且不得安排室外露天作业劳动者加班。该办法第十七条规定：劳动者从事高温作业的，依法享受岗位津贴。用人单位安排劳动者在 35℃ 以上高温天气从事室外露天作业以及不能采取有效措施将工作场所温度降低到 33℃ 以下的，应当向劳动者发放高温津贴，并纳入工资总额。整体来看，目前我国新业态从业人员的职业病保障存在一定的盲区，因此，新业态从业人员的职业病防治应当成为未来劳动立法的重点关注内容。2023 年 6 月，国家卫健委相关负责人在新闻发布会上指出，由于工作强度负荷比较大、时效性要求比较高等工作特点，我国外卖、快递从业者会经常长时间从事体力劳动且连续紧张工作，这使得这部分职业人群发生工作相关的肌肉骨骼疾病和精神疾患风险大大增加，也就是工作相关疾病的风险大大增加。我国正积极推进《中华人民共和国职业病防治法》修订工作，适时将工作相关疾病的预防要求纳入用人单位的法定职责中，从而切实保护新业态劳动者的健康。用人单位要做好快递与外卖配送业劳动者以及环卫工人等重点人群的中暑防范工作。用人单位有义务为劳动者提供舒适的休息环境、清凉的饮料以及相关的预防药品。③ 2023 年 6 月，全

---

① 孙镇江，张斌.常州出现 1 例热射病致死病例，一外卖小哥被高温夺去生命[EB/OL].（2022-07-15）[2023-04-15].https://baijiahao.baidu.com/s?id=1738408715031743006&wfr=spider&for=pc.

② 朱沛炎，殷佳，叶晓.51 岁快递分拣员因热射病不幸离世，专家提醒：身边有人中暑要这样急救[EB/OL].（2022-07-20）[2023-06-18].https://baijiahao.baidu.com/s?id=1738836125476600337&wfr=spider&for=pc.

③ 刘昶荣.国家卫健委：用人单位要做好外卖快递等人员的防中暑工作[EB/OL].（2023-06-15）[2023-07-11].http://news.cyol.com/gb/articles/2023-06/15/content_PbqemAIx0j.html.

国总工会印发了《关于做好 2023 年职工防暑降温工作的通知》,对劳动者的防暑降温工作进行部署。《通知》指出,职工防暑降温工作是一项季节性很强的劳动保护工作,直接关系到职工身体健康和企业生产安全。各级工会要充分认识做好职工防暑降温工作的重要性,进一步增强责任感和使命感。把做好高温作业和高温天气作业职工劳动保护工作作为工会服务职工、维护职工权益的重要内容,纳入工会工作的重要日程。加强组织领导,与政府相关部门形成合力,抓好责任落实。结合工作实际,采取有效措施,最大限度减少夏季高温天气因素给职工生产生活带来的不利影响。

最后,在缴费主体和保险待遇方面,各地方的差异较大。在缴费主体方面,如在纳入工伤保险保障模式中,南通市的《灵活就业人员工作伤害保险暂行办法》(以下简称"该办法")规定,年中参保人员须在参保时一次性缴足次月起当年应缴的全部费用,实际上是由新业态从业人员自己负担全部参保费用。而单独参加工伤保险模式中的绍兴市越城区则规定,新业态企业缴纳工伤保险费,其从业人员不缴纳。绍兴市越城区将缴费责任归于新业态企业,该区的新业态从业人员无须自己负担参保费用。再如商业保险模式中的苏州市吴江区规定,确定职业伤害保险费,暂定每人每年 180 元,由参保人员个人缴纳。该办法试行期间,已经参加了吴江区灵活就业人员职工养老保险或医疗保险的人员再参加吴江区灵活就业人员职业伤害保险,由财政补助每人每年 120 元。苏州市吴江区的缴费主体虽然仍为新业态从业人员个人,但政府却以补贴的方式实际承担了大部分的缴费责任。新业态职业伤害保险中的缴费责任究竟应当由谁来承担是一个重要的问题,各地的不同作法不利于新业态职业伤害保险在全国范围内的推行。不能让应当承担责任的主体免于负担责任,亦不能让本不应承担责任的主体强行负担责任。

在保险待遇方面也存在较大不同。大体分为四类,一是参照《工伤保险条例》支付待遇水平,但作出变通。如实行单独参加工伤保险模式的潍坊市规定,灵活就业人员发生工伤,经工伤认定、劳动能力鉴定后按照《工伤保险条例》《山东省贯彻〈工伤保险条例〉试行办法》及我市相关规定享受工伤保险待遇。但同时却又规定《工伤保险条例》规定应由用人单位支付的待遇,由灵活就业人员自己承担。潍坊市实际上属于参照《工伤保险条例》支付待遇水平的做法。二是按照《工伤保险条例》支付待遇水平。与参照《工伤保险条例》支付待遇水平又作出变通的做法不同,实行单独参加工伤保险模式中的一些地方则是按照《工伤保险条例》的待遇来执行。如衢州市规定,新业态从业人员在参保期间因工作遭受事故伤害或患职业病的,其认定办法、待遇标准等均按照《工伤保险条例》《浙江省工伤保险条例》等相关配套规定执行。由工伤保险基金按规定支付工伤保险待遇,由新业态企业承担用人单位应承担的工伤保险责任。三是参照当地的工伤保险规定支付待遇。如实行福利型保障模式的太仓市规定,职业伤害保险参保人员受到职业伤害后,其医疗费用由医疗保险基金按照工伤保险相关规定标准结报。四是根据缴纳的保险费不同,支付不同的待遇水平。如实行商业保险模式的常熟市规定,被保险人符合条件的,按照以下两档标准享受职业伤害保险待遇。一档保费年缴费标准 180 元/人,待遇赔付标准包括:①意外身故责任:20 万元/人/年;②突发疾病身故或者在 48 小时之内经抢救无效身故责任:2.5 万元/人/年;③意外伤残责任:最高 20 万元/人/年;④意外医疗费用,最高 1 万元/人/年;⑤意外住院津贴:因职业伤害住院,按住院天数补贴 15 元/人/天。二档保费年缴费标准为 360 元/人,待遇赔付标准包括:①意外身故责任:40 万元/人/年;②突发疾病身故或者在 48 小时之内经抢救无效身故责任:5 万元/人/年;③意外伤残责任:最高 40 万元/人/年;④意外医疗费用:最高 2 万元/人/年;⑤意外住院津贴:因职业伤害住院,按住院天数补贴 30 元/人/天。

三、未来新业态职业伤害保障制度的模式选择

未来的新业态职业伤害保障制度需要解决的最重要问题就是保障模式的选择。一项制度想要获得长期地推行和稳定地实施,就必须有统一的标准和规定。各自为政、各行其道、各不相谋的制度容易受到各种因素的影响,难以实现预设的目标。党的二十大报告提出:"要健全覆盖全民、统筹城乡、公平统一、安全规范、可持续的多层次社会保障体系。扩大社会保险覆盖面,实施全民参保计划;完善养老保险制度,满足人民群众多元化养老需求;完善社会保险待遇调整机制,分享经济社会发展成果。坚持把健全社会保障体系作为共同富裕的重要抓手,推动社会保障事业高质量发展。"在我国,人民群众既是推动发展的主体,又是共享发展成果的主体。为了更好地让人民群众共享经济社会的发展成果,任何一项社会保障制度的设计和运行都应当将覆盖面作为最重要的考量因素。"我国亟待建立社会化的职业伤害防控和保险保障机制,以减轻和分散新业态从业者面临的职业伤害风险。近年来,随着我国社会保险的制度创新和实践发展,社会保险和劳动关系捆绑的制

度传统已经逐步被打破,养老、医疗保险覆盖范围已逐渐趋于'全民化'。"①

2023 年 3 月,人力资源和社会保障部部长王晓萍在国务院新闻办公室举行的系列主题新闻发布会上表示,将扩大社会保险覆盖面,包括稳妥实施新就业形态就业人员职业伤害保障试点。王晓萍部长说:"重点任务有很多,我想概括为'一扩大、两完善、三提升'。'一扩大'就是扩大社会保险覆盖面,具体讲,要深入实施全民参保计划,针对新业态从业人员、农民工等重点群体特点,分类施策、精准扩面。完善灵活就业人员在就业地参保政策,引导和促进更多灵活就业人员参加职工基本养老保险。稳妥实施新就业形态就业人员职业伤害保障试点。'两完善',……第二个完善是完善社会保险待遇调整机制,让人民群众能够更好分享经济社会发展成果。'三提升',第一个提升是提升统筹层次……推进失业保险、工伤保险省级统筹。"②

(一) 商业保险模式保障水平有限

在新业态职业伤害的各种保障模式中,商业保险保障模式的优点和缺点都较为明显。商业保险的优点在于保费缴纳方式较为灵活,如美团为众包骑手配置的 3 元商业意外险,保险费用为每人每天 3 元,保障时间为当日接首单时到当日 23 时 59 分,商业意外险中包含意外身故、意外伤残以及意外住院医疗。按日支付保险费用的缴费方式是在骑手接单之后才会被自动扣除保费,不接单则不会扣除,机动性较强。商业保险模式的缺点是保障水平不足,主要原因在于商业保险的待遇支付遵循对等原则,由缴纳的保费数额决定。保费越高,发生事故后的赔偿数额越高;在保费较低的情况下,无法获得足够的赔偿。

同时,与社会保险相比,商业保险理赔存在更高的不确定性。如 2020 年 5 月的骑手叶某某意外身故拒赔案,叶某某是在美团平台注册的众包骑手,他在美团平台首次接单时,投保了美团骑手保障组合产品保险,其中意外身故、残疾保额为 60 万元,保费为 3 元,由美团平台扣收。该险种的客户群体为众包骑手,承包人为人保南京公司。投保当日 18 时 40 分,叶某某晕倒,被送至医院,诊断为脑出血。

① 白艳莉.新业态从业人员职业伤害保障体系构建研究[J].中州学刊,2022(7):80-89.

② 澎湃新闻.人社部长答澎湃:将稳妥实施新形态就业人员职业伤害保障试点[EB/OL].(2023-03-02)[2023-07-19].https://baijiahao.baidu.com/s?id=1759227868821843526&wfr=spider&for=pc.

后被转院救治,最终仍死亡。人保南京公司认为,案涉事故发生时,叶某某配送的是饿了么平台订单,而非美团平台订单,不符合保险合同生效条件。法院经审理认为,案涉保险保障的是骑手人身权益而非美团平台权益,客户群体为"众包骑手"。人保南京公司作为保险格式合同的提供方,应知悉该类被保险人的工作特性及可能存在的风险隐患,若其基于降低自身赔付风险的考量,则需对"众包骑手"的兼职属性进行限制,并在保险条款中明确注明若"众包骑手"配送投保平台之外的订单发生保险事故时不予理赔,但其在保险条款中并未特别说明。故投保人叶某某在保险期间内因脑内出血死亡,符合保险合同约定的 48 小时之内经抢救无效死亡情形,属于保险理赔范围。① 再如内蒙古通辽市某外卖平台注册骑手张某在送餐途中与一机动车发生交通事故后受伤。经交警部门认定,张某在本起事故中无责任。后张某被送往医院接受治疗,诊断为多处骨折,经鉴定构成九级伤残。保险公司以案涉雇主责任保险的投保人及被保险人均为张某所在公司而非张某本人,其与张某之间不存在保险合同关系为由拒绝赔偿。法院经审理认定,张某受伤情形完全符合案涉保险责任范围,被告保险公司提出的拒赔理由不能成立。最终法院判决被告保险公司赔偿张某医疗费、伤残赔偿金、误工费、营养费等共计 11 万余元。②

从法理上来说,亦不宜采用商业保险模式来对新业态从业人员进行职业伤害保障。社会保险制度是国家保障劳动者在发生职业风险时获得物质帮助的法律制度,具有鲜明的社会保障性质。社会保险制度是历史的产物,我们追溯社会保险的发展历史可以看到,其诞生于产业革命(职业风险明显增加)这个特定的历史条件下。1818 年,世界上第一个工会组织"苏格兰格兰斯哥织布工人工会"成立;1851 年,世界上第一个全国性的行业工会"混合机器工人协会"在英国成立;1868 年,世界上第一个全国性工会联合组织"英国职工大会"成立,作为英国唯一的全国性工会联合组织,"英国职工大会"的使命是"成为一个能够成功地为实现工会目标和价值而斗争的高效组织,促进工会会员数量的增加和提高工会效能,减少不必要的争端并增进工会的团结"。③ 早期的劳动保险形式出现在英国,是劳动者之间的相互保

① 澎湃新闻.骑手配送投保平台外订单遇意外身亡,法院:属于理赔范围[EB/OL].(2023-05-22)[2023-07-19].https://baijiahao.baidu.com/s? id=1766589340790619066&wfr=spider&for=pc.
② 澎湃政务.外卖小哥遭意外 责任保险应赔付[EB/OL].(2022-11-08)[2023-07-19].http://m.thepaper.cn/baijiahao_20570076.
③ 常晶,张利华.英国职工大会"社会伙伴"政治参与之模式分析[J].辽宁大学学报(哲学社会科学版),2010,3:109-113.

险(也可称互助保险),即具有相同风险保障需求的工业工人之间订立契约成为会员,通过缴纳保费形成互济基金,当被保险人发生工伤或者符合约定的条件时,支付相应的保险金以保障其基本生活,成员之间的互帮互助、风险共担是相互保险制度的核心。此种劳动互助保险兼具行业互助和商业保险的双重性质,但随着行业协会的没落而逐渐消失。

现代意义上最早的劳动保险起源于德国。1845 年,普鲁士的《工业法典》中,首次设立强制劳工加入疾病共济社的规定,使各种共济社有了强制保险的性质。1884 年,德国议会颁布的《劳工疾病保险法》是世界上第一部社会保险法律。[①]《劳工疾病保险法》规定,某些行业工资少于限额的工人必须加入医疗保险基金会,基金会强制征收工人和雇主应缴纳的基金。《劳工疾病保险法》的诞生标志着强制性社会医疗保险制度的开始。社会保险的强制性和非营利性是其区分于商业保险的主要特征。劳动保险是基于社会对工伤劳动者(此处劳动者采广义)的赔偿责任而设立的一种社会保险,被保险人享受的保险待遇水平不应完全取决于缴纳保费的数额,缴纳保费的数额也不应完全取决于职业伤害风险发生的概率,否则将失去对社会成员给予物质帮助的意义。同时,社会保险基金统筹的规划方法能够更好地实现风险的分担和损失的补偿。商业保险在任何情形下都不能完全替代社会保险,只能作为社会保险的补充或辅助保障形式。目前,从世界范围内来看,也鲜有国家完全采取商业保险的保障模式来对新业态从业者进行职业伤害保障。

(二)医疗保险模式存在制度障碍

通过医疗保险模式来对新业态从业人员进行职业伤害保障是一个颇有新意的提法,具有讨论的价值,不应直接否定。同样,其优势和弊端均较为明显。采用医疗保险模式进行职业伤害保障首先要面对的问题就是,不同社会保险基金是否可以合并使用?有学者认为:"考虑到基本医疗保险与工伤保险的诊疗目录具有一致性,且前者在待遇支付方面贯彻无过错补偿原则,即除个别情形外(主要是第三人侵权造成的伤害),健康受损的原因对支付没有影响。如果为平台经济从业者建立

---

① 王全兴.劳动法[M].北京:法律出版社,2008:377.

强制的基本医保制度,实际上也可以在一定程度上化解其意外伤害的风险。"①从解决问题的角度出发,该方案具备一定的实用价值,因为新业态从业者受到职业伤害后最首要的诉求就是医疗救治,不论通过工伤保险还是通过医疗保险,只要能够满足职业伤害保障需求,都可以纳入考量的视野。不过许多学者对此方案持反对态度,有学者认为:"由医疗保险来负担因工伤亡的待遇有违医疗保险的功能定位,模糊了两险的界限"。② 还有学者认为:"此举或有违社会保险基金管理'专款专用'的原则,易导致管理混乱,权责不明,试点草案亦强调从工伤保险基金职业伤害保障科目支出的医疗费用不纳入基本医疗保险基金支付范围,即使平台从业者在确认职业伤害前已由医保基金支付相应医疗费用,在职业伤害认定成立后,工伤保险基金仍需按规定向医疗保险基金结算。"③

如果希望通过医疗保险模式来对新业态从业者进行职业伤害保障,就必须对法律进行修改,因为对于不同社会保险基金的交叉或合并使用,现行法持明确的否定态度。《中华人民共和国社会保险法》第三十条规定,下列医疗费用不纳入基本医疗保险基金支付范围:①应当从工伤保险基金中支付的;②应当由第三人负担的;③应当由公共卫生负担的;④在境外就医的……第三十八条规定,因工伤发生的下列费用,按照国家规定从工伤保险基金中支付:①治疗工伤的医疗费用和康复费用;②住院伙食补助费;③到统筹地区以外就医的交通食宿费;④安装配置伤残辅助器具所需费用;⑤生活不能自理的,经劳动能力鉴定委员会确认的生活护理费;⑥一次性伤残补助金和一至四级伤残职工按月领取的伤残津贴;⑦终止或者解除劳动合同时,应当享受的一次性医疗补助金;⑧因工死亡的,其遗属领取的丧葬补助金、供养亲属抚恤金和因工死亡补助金;⑨劳动能力鉴定费。《工伤保险条例》第三十条第四款规定,工伤职工治疗非工伤引发的疾病,不享受工伤医疗待遇,按照基本医疗保险办法处理。

同时,按照现行的医疗保险政策,只有城镇企事业单位的职工是强制性参加职工基本医疗保险,由用人单位和职工按照国家规定共同缴纳基本医疗保险费。而无雇工的个体工商户、未在用人单位参加职工基本医疗保险的非全日制从业人员

---

① 娄宇.平台经济从业者社会保险法律制度的构建[J].法学研究,2020(2):190-208.
② 李满奎,李富成.新业态从业人员职业伤害保障的权利基础和制度构建[J].人权,2021(6):70-91.
③ 田思路,郑辰煜.平台从业者职业伤害保障的困境与模式选择:以外卖骑手为例[J].中国人力资源开发,2022(11):74-89.

以及其他灵活就业人员则是自愿参加职工基本医疗保险,由个人按照国家规定缴纳基本医疗保险费。目前,我国医疗保险的覆盖率是相当高的,截至 2022 年年底,全国基本医疗保险(以下简称基本医保)参保人数为 134 592 万人,参保率稳定在 95％以上。[①] 与此同时,新业态从业人员的医疗保险参保率与其他类型就业人员的参保率相比明显偏低,有数据统计,在各类保障中,新业态从业人员拥有医疗保险的比例是最高的,为 51.3％。[②] 医疗保险保障模式的前提是,新业态从业人员整体的医疗保险参保率稳定在较高的水平。因此,无论是在立法层面还是在制度层面,现阶段通过医疗保险来对新业态从业人员进行职业伤害保障的难度是比较大的。

(三) 工伤保险模式需化解理论和实践困难

1. 劳动关系捆绑之束需要松开

关于未来新业态从业人员职业伤害保障模式的讨论更多集中于工伤保险模式和统一职业伤害保险模式,各地的试点也主要是采用这两种模式。采取工伤保险模式,不管是纳入工伤保险还是单独参加工伤保险,均属于对现有制度的调试,与新建制度相比,更加简单、方便。然而,长期以来实行社会保险与劳动关系捆绑的政策,使得通过工伤保险来保障新业态从业者的职业安全面临着较大挑战。劳动关系二元结构最大的弊端在于任何人想要获得工伤保险保障,必须先被认定存在劳动关系。而劳动关系的认定本身又是一个颇为复杂的问题,新业态从业者与平台企业之间是否构成劳动关系观点不一。有学者认为:"在平台直接用工的法律关系中,平台只是充当新业态从业者与最终用户之间的中介,通过大数据匹配二者之间的需求,新业态从业者运用平台提供的数据和内容再进行劳动生产。此时,新业态从业者与平台之间并无劳动关系,而是一种纯粹的民事中介关系。"[③]还有学者认为:"基于权利义务对等原则,即使要承担一定用工责任,平台企业也不应被要求履行与工业时代同等严格程度的安全保障义务。除此以外,从促进平台经济可持

---

　　① 来自 2022 年全国医疗保障事业发展统计公报。
　　② 朱迪.新业态青年发展状况与价值诉求调查[J].人民论坛,2022(8):18-23.
　　③ 杨复卫.灵活用工"泛平台化"突围:基于从业者社会保险权益保障的视角[J].理论月刊,2022(10):139-150.

续发展的角度出发,若要求平台企业为新业态从业者承担工伤保险范围内的全部雇主责任,届时市场上难免会有大量平台企业因负荷不能而缩减用工规模……对于注册多平台或在上线时间外另有已成立劳动关系之"主业"的新业态从业者,届时也将产生重复保险的问题,处理不当则易造成社会保险资源浪费的后果,违反社会公平原则。"[①]

从典型案例可以窥见司法实践中的倾向性,2023 年 5 月,人力资源和社会保障部、最高人民法院联合发布的新就业形态劳动争议典型案例中,有一起就涉及外卖员与餐饮外卖平台之间是否存在劳动关系的问题。徐某从某科技公司餐饮外卖平台众包骑手入口注册成为网约配送员,并在线订立了配送协议,工作方式为徐某按照平台发送的配送信息自主选择接受服务订单,接单后完成配送,服务费按照平台统一标准按单结算。某科技公司未对徐某上线接单的时间提出要求,徐某每周实际上线接单天数为 3 至 6 天不等,每天上线接单时长为 2 至 5 小时不等。之后,徐某向平台提出订立劳动合同、缴纳社会保险费等要求,均被平台客服拒绝,徐某遂向仲裁委员会申请仲裁,请求确认其与某科技公司之间存在劳动关系,并由某科技公司支付解除劳动合同的经济补偿。仲裁委员会认为,认定徐某与某科技公司之间是否符合确立劳动关系的情形,需要查明某科技公司是否对徐某进行了较强程度的劳动管理。由于徐某能够完全自主决定工作时间及工作量,因此双方之间的人格从属性较标准劳动关系中的人格从属性有所弱化。同时,虽然徐某依托平台参与餐饮外卖配送业务,但某科技公司并未将其纳入平台配送业务组织体系进行管理,未按照传统劳动管理方式要求其履行组织成员义务,因此双方之间的组织从属性较弱。综上,虽然某科技公司通过平台对徐某进行一定的劳动管理,但其程度不足以认定劳动关系。因此,对徐某提出的确认劳动关系等仲裁请求,仲裁委员会不予支持。[②]

2023 年 6 月,河南省高院民一庭在发布的《关于劳动争议案件审理中疑难问题的解答》中提出,在新就业形态劳动者请求确认劳动关系的案件审理中需要注意

①　田思路,郑辰煜.平台从业者职业伤害保障的困境与模式选择:以外卖骑手为例[J].中国人力资源开发,2022(11):74-89.

②　孙满桃.外卖小哥与平台是否存在劳动关系? 人社部、最高法典型案例:不足以认定[EB/OL].(2023-05-29)[2023-09-05]. https://baijiahao. baidu. com/s? id＝1767211756901440807&wfr＝spider&for＝pc.

以下问题:一是判断新就业形态劳动者为用人单位提供劳动时是否具有劳动力的专属性。专属性是指由劳动者本人提供劳动,劳动者无权将工作分包给他人完成或由他人代替完成。二是判断新就业形态劳动者与用人单位之间是否存在人身隶属性。人身隶属性具体可以分为人格上的从属性与经济上的从属性。其中,主要看人格上的从属性,即劳动者的工作地点、时间、服务要求等是否需服从商家或平台的指挥或安排,劳动者能否自主决定变更,商家或平台是否对劳动者进行日常管理和考核考评,用人单位制定的规章制度是否适用于劳动者。三是判断新就业形态劳动者向用人单位提供的是否为单纯的劳动力这一生产要素。劳动力作为生产要素存在,用人单位支付工资是获得这一生产要素的对价。如果劳动者提供的是结合了其他生产要素,包括生产工具之后形成的劳动产品,则双方的关系与劳务关系更为接近。四是结合商家或平台是否定期向劳动者发放工资,工资报酬是否稳定,经营风险是否由用人单位承担等因素予以判断。五是商家或者平台企业与劳动者签订劳动合同的,一般可以认定为劳动关系。

与标准或传统劳动关系相比,新业态的用工关系确实存在不同之处。从目前的判例来看,新业态用工难以认定为劳动关系最主要的理由是新业态从业人员具有高度的自主性,可以自主决定是否工作、何时开始工作、在何地工作等。这些工作内容在传统劳动关系中不可能完全由劳动者自主决定,即在新业态用工关系中,人格从属性的弱化较为明显。那么,传统劳动关系的判定方法是否已经不再适用于新业态用工关系呢?有学者认为,尽管传统劳动关系判定理论总体上并没有过时,但面对网络平台用工形式与传统用工形式的差异,劳动关系的判定方法也应与时俱进。第一,平台用工模式各不相同,劳动关系判断需综合考虑各种因素进行个案处理。第二,对从属性的判断应该更加注重实质性。随着技术的发展,平台企业对工人控制和管理的方式更加隐蔽和复杂,对人格从属性和经济从属性的判断应注重综合性、实质性的考察。第三,平台工人的工作时间和收入来源也是考虑的重要因素。工作的持续性以及工作时长就是劳动关系判定应该考虑的因素之一。第四,社会保护的必要性也是劳动关系判定应考虑的重要因素。劳动关系的判断标准虽然是一套客观标准,但由于其本身的弹性和包容性,劳动关系的认定也具有相当的主观性。① 也有学者认为,"判定用工关系的性质标准,主要是看这一关系是

---

① 谢增毅.互联网平台用工劳动关系认定[J].社会观察,2019(2):77-79.

否具有从属性,即是由一方控制劳动过程还是由双方共同控制劳动过程。尽管新的用工关系在形式上和表面上具有灵活化、多样化和自主化的特点,但实际情况是形式上的独立自主实质上则是劳动从属,名义上是权利平等,在现实中则是失衡关系;表面的松散管理掩饰着内在的严格控制。用工双方并非两个平等独立的主体,而仍然是资本和劳动两个不同的生产要素。由此看来,那种认为互联网经济中用工颠覆了传统劳动关系的观点,仅仅是注意了形式的变化而忽略了实质的存在。这种观点更多地成为雇主推脱自己所负雇主义务的一种托词。"①

2. 制度正当性需要梳理

回溯我国的社会保障发展历史,可以看到保障范围的扩张是主要的发展方向。1951 年 2 月,政务院颁布《中华人民共和国劳动保险条例》,并于 1953 年和 1956 年两次进行修订,标志着我国确立了适用于城镇职工的劳动保险制度。随着经济体制改革的深化,我国的社会保险制度也在不断发展变化。

在养老保险方面。1991 年,国务院颁布了《关于企业职工养老保险制度改革的规定》,该规定改变了养老保险由国家、企业包办的做法,逐步确立基本养老保险、企业补充养老保险和个人储蓄性养老保险相结合的制度。2005 年,国务院颁布《关于完善企业职工基本养老保险制度的决定》,该决定提出坚持社会统筹与个人账户相结合的模式,将个人账户规模由本人缴费工资的 11% 调整为 8%,全部由个人缴费形成,并开展了做实个人账户的试点。2010 年,全国人大常委会表决通过了《中华人民共和国社会保险法》,规定职工应当参加基本养老保险,由用人单位和职工共同缴纳基本养老保险费。同时,无雇工的个体工商户、未在用人单位参加基本养老保险的非全日制从业人员以及其他灵活就业人员可以参加基本养老保险,由个人缴纳基本养老保险费。

在医疗保险方面。1998 年,国务院发布了《关于建立城镇职工基本医疗保险制度的决定》,该决定规定医疗保险制度改革的主要任务是建立城镇职工基本医疗保险制度,根据财政、企业和个人的承受能力,建立保障职工基本医疗需求的社会医疗保险制度。2002 年,国务院发布了《关于进一步加强农村卫生工作的决定》,

---

① 常凯,郑小静.雇佣关系还是合作关系?——互联网经济中用工关系性质辨析[J].中国人民大学学报,2019(2):78-88.

该决定提出逐步建立农村合作医疗制度。为实现基本建立覆盖城乡全体居民的医疗保障体系的目标,国务院于 2007 年颁布了《关于开展城镇居民基本医疗保险试点的指导意见》,该意见对探索和完善城镇居民基本医疗保险的政策体系,建立城镇非职工居民基本医疗保险制度有重要意义。

在失业保险方面。1986 年,国务院颁布了《国营企业职工待业保险暂行规定》,建立了失业保险制度,并于 1993 年扩大了保障范围。1999 年,国务院颁布了《失业保险条例》,该条例扩大了失业保险的保障范围,不仅国有企业、城镇集体企业、外商投资企业、城镇私营企业以及其他城镇企业的职工也被纳入进来。

在生育保险方面。1994 年,劳动部颁布《企业职工生育保险试行办法》,该办法确立了适用于城镇企业及其职工的生育保险制度,由企业按照工资总额的一定比例向社会保险经办机构缴纳生育保险费。但由于该办法的覆盖范围较窄,无法适应社会的现实需求。鉴于此,2010 年通过的《中华人民共和国社会保险法》扩大了生育保险的保障范围,由"城镇企业及其职工"扩展为"职工",并规定职工应当参加生育保险,由用人单位按照国家规定缴纳生育保险费,职工不缴纳生育保险费。用人单位已经缴纳生育保险费的,其职工享受生育保险待遇;职工未就业配偶按照国家规定享受生育医疗保险待遇。所需资金从生育保险基金中支付。

在工伤保险方面。1996 年,劳动部颁布了《企业职工工伤保险试行办法》,该办法规定中华人民共和国境内的企业及其职工必须遵照本办法的规定执行。企业必须按照国家和当地人民政府的规定参加工伤保险,按时足额缴纳工伤保险费,按照本办法和当地人民政府规定的标准保障职工的工伤保险待遇。2003 年,国务院颁布了《工伤保险条例》,该条例将工伤保险的覆盖范围进一步扩展,规定中华人民共和国境内的企业、事业单位、社会团体、民办非企业单位、基金会、律师事务所、会计师事务所等组织和有雇工的个体工商户(以下称用人单位)应当参加工伤保险,为本单位全部职工或者雇工(以下称职工)缴纳工伤保险费。相应地,中华人民共和国境内的企业、事业单位、社会团体、民办非企业单位、基金会、律师事务所、会计师事务所等组织的职工和个体工商户的雇工,均有享受工伤保险待遇的权利。2010 年,全国人民代表大会常务委员会第十七次会议通过的《中华人民共和国社会保险法》规定职工应当参加工伤保险,由用人单位缴纳工伤保险费,职工不缴纳工伤保险费。与养老保险和医疗保险基本实现覆盖全民相比,工伤保险多年来囿于与劳动关系捆绑的窠臼,社会化、公民化的脚步较为缓慢。有学者指出:"我国的工伤保险制度迫切需要与时俱进的制度创新,唯有如此,才能为所有劳动者提供可靠的职业风险保障……具体而言,要以满足社会劳动者职业伤害风险保障需要为出发点,打破以传统的正规劳动关系作为参保要件的准则,代之以普遍覆盖的社会劳动者工伤保险。同时,还要打破对现行工伤保险制度承保风险的时空限制,进而将工伤保险制度纳入整个社会保障体系进行精准定位,将承保风险逐步从现行范围扩展至保障全体社会劳动者的职业伤害风险。"[①]

3. 理论问题需要正视

工伤保险制度是否能够将新业态从业人员纳入保障范围?这取决于在理论和现实两个层面中遇到的问题。理论上的第一个问题在于工伤保险与身份挂钩是否具有正当性?有学者认为:"对此,宜从理论角度重新审视劳动关系与工伤保险乃至社会保险的关系。设立社会保险的初衷是对劳动者及其家庭进行经济保障和物质帮助,因此其定位是劳动者保险。但是,仅以历史原因将社会保险与劳动关系捆绑无疑混淆了逻辑问题和经验问题。在法理上,隶属公法的社会保险法对接主要调整私法关系的劳动法,其'转接口'是经济从属性。但经济从属性并非劳动关系所特有,任何稳定的劳务供需关系都可能产生。"[②]也有学者认为:"从某种意义上说,工伤保险的作用是无处不在的,每个公民为了生存都需要去'工作',在工作中隐藏着职业带来的危害,对于这种危害和损害,个人乃至家庭可能会无法承担而陷入贫困,需要有一种国家层面的保障机制。"[③]还有学者认为:"互助共济是社会保险制度的天然属性,不能因就业人群和就业形态而有所差别。同样作为我国的劳动者,不能因新业态从业人员的工作性质而拒其于统一的工伤保险体系之外,这有违公平。虽然新业态从业人员较具有传统劳动关系和固定工作单位的劳动者而言,在工伤保险参保方面暂时面临一些困局,但若始终坚持工伤保险的'雇主责任'原则,则无论新业态从业者如何变化工作时间、工作地点和工作场所,其必然在某时、某地、某事上有一个雇主。"[④]

① 朱宁宁.代表认为应适应时代发展创新工伤保险制度,工伤保险覆盖所有社会劳动者[EB/OL].(2023-03-10)[2023-09-05]. http://epaper.legaldaily.com.cn/fzrb/content/20230310/Articel05008GN.htm.
② 李满奎,李富成.新业态从业人员职业伤害保障的权利基础和制度构建[J].人权,2021(6):70-91.
③ 陈敏."非职工"群体纳入工伤保险制度保障探析[J].政治与法律,2017(2):151-161.
④ 郝玉玲.新业态从业人员工伤保护的难点与对策[J].中国劳动关系学院学报,2018(6):98-107.

既然新业态从业人员纳入工伤保险制度的主要障碍在于特殊的"职业身份"，那么就引出了理论上的第二个问题：社会福利待遇或福利权利的享有是否应当以身份为评判标准？在社会中，由于先天性和后天性因素的影响，社会成员获得资源和机会的能力并不相同，在社会中会处于不同的等次和位置，因此出现了"社会分层"的现象。社会保障作为一种再分配制度，公平是重要的价值取向，然而在存在社会分层的现实中，福利身份化的现象无法避免。社会分层理论对于理解与评价此种福利身份化的现象极有帮助。马克思在致约瑟夫·魏德迈的信中曾说过："至于讲到我，无论是发现现代社会中有阶级存在或发现各阶级间的斗争，都不是我的功劳。在我以前很久，资产阶级历史编纂学家就已经叙述过阶级斗争的历史发展，资产阶级经济学家也已经对各个阶级做过经济上的分析。我所加上的新内容就是证明了下列几点：①阶级的存在仅仅同生产发展的一定历史阶段相联系；②阶级斗争必然导致无产阶级专政；③这个专政不过是达到消灭一切阶级和进入无产阶级社会的过渡……"①恩格斯认为："在历史上的大多数国家中，公民的权利是按照财产状况分级规定的……所以，国家并不是从来就有的。曾经有过不需要国家，而且根本不知国家和国家权力为何物的社会。在经济发展到一定阶段而必然使社会分裂为阶级时，国家就由于这种分裂而成为必要了……阶级不可避免地要消失，正如它们从前不可避免地产生一样。"②马克斯·韦伯则认为："等级"是按照人们不同的生活方式来划分的，是与消费习惯和生活习惯带来的社会声望或社会地位相联系的。由于等级是受到与"荣誉"相联系的社会评价机制相制约，因而等级与阶级既有着千丝万缕的联系，但又不完全等同。财产的占有者虽然会经常持久地达到等级的效用，但却并非总是如此。有产者和无产者也可能属于相同的等级。因为等级的划分严格来说不仅是按照生活方式而且是按照社会地位和社会荣誉来确定的，生活方式只是社会地位的外在表现。③

虽然马克思和马克斯·韦伯对于社会分层的理解存在差异，但两者都承认经济因素对社会层级的影响。事实上，我国社会保险制度的综合改革也是在进一步深化经济体制改革的大背景下进行的。计划经济时期以集体为主力的社会保险制度更像是特定职业的社会保险制度，覆盖率有限，管理僵化，无法满足社会经济发

---

① 马克思，恩格斯.马克思恩格斯选集：第4卷[M].北京：人民出版社，1995：332.

② 恩格斯.家庭、私有制和国家的起源[M].北京：人民出版社，2018：589-593.

③ 虞满华，卜晓勇.马克思与韦伯：两种社会分层理论的比较[J].贵州社会科学，2017(4)：30-36.

展的新需要。可以说,以身份或职业为基础来区分社会保障待遇是特定历史时期的产物,也对当时的经济和社会起到了积极的作用。但随着我国社会的高速发展,我国社会主要矛盾已经转化为人民日益增长的美好生活需要和不平衡不充分的发展之间的矛盾。党的二十大报告指出,高质量发展是全面建设社会主义现代化国家的首要任务。发展是党执政兴国的第一要务。我们党始终将发展作为解决一切问题的基础和关键。进入中国特色社会主义新时代,发展中的矛盾和问题更多体现在发展质量上。全面建设社会主义现代化国家,必须坚持以人民为中心的发展思想,加快转变发展方式。党中央强调,贯彻新发展理念、推动高质量发展,是关系现代化建设全局的一场深刻变革,不再简单以生产总值增长率论英雄,而是要实现创新成为第一动力、协调成为内生特点、绿色成为普遍形态、开放成为必由之路、共享成为根本目的的高质量发展。①

社会保险是改善民生、促进社会公平、实现人民福祉的重要制度保障,建设高质量的社会保障体系是解决现阶段主要矛盾,满足人民群众生活需要的重要举措。虽然我国目前已基本建成覆盖城乡的多层次社会保障体系,但在制度安排方面还存在着一些不足。以身份或职业为区分的社会保障制度是特定历史时期的产物,是适应当时的生产力发展水平和社会经济基础的。但从公民权利的角度来看,由于存在着群体偏好,必然无法实现分配正义,新就业形态的出现使得其缺陷更加明显。高质量发展的社会保障应当是覆盖面最广、防风险能力最强、将各种类型就业群体都纳入进来的多层次体系,公平和正义是核心的价值导向。因此,未来将新业态从业人员纳入工伤保险保障范围在理论上是完全可行的。

4. 实践难题需要解决

由于工伤保险制度多年来已经形成了一套稳定的运行流程,采用工伤保险模式来对新业态从业人员进行职业伤害保障在实践中面临着诸多问题,包括但不限于保费缴纳、工伤认定、工伤待遇等几个方面。首先,在保费缴纳方面,由谁来缴费是一个必须解决的问题。应当承认的是新业态的用工关系与标准劳动关系的确存在较大差异,较强的流动性和较高的自主性不符合传统劳动从属性的判断标准。

---

① 国家发展改革委办公厅. 中共中央举行新闻发布会 介绍解读党的二十大报告[EB/OL].(2022-10-24)[2023-09-05]. https://www.ndrc.gov.cn/fzggw/wld/mh/lddt/202210/t20221024_1339044.html? state=123&state=123&state=123&state=123&state=123.

以外卖骑手为例,美团发布的《2020上半年骑手就业报告》显示:"'兼职做骑手'成为就业新趋势,近四成骑手有其他职业,其中不乏律师、舞蹈演员、导演、企业中层管理者、金融从业者、软件工程师等群体。"

我国的工伤保险制度实行用人单位缴费,职工个人不缴费的基本政策。如果采取工伤保险保障模式,新业态从业人员个人无须承担任何费用,工伤保险费应当全部由用工单位负责缴纳,否则就失去了工伤保险制度的意义。但当存在多个用工单位时,如何确定缴费主体呢? 对此,有学者提出:"在缴费主体上,立法应明确由新业态企业承担缴费义务。如果从业人员在多个企业或平台工作,这些企业或平台应当分别为其缴纳工伤保险费。已有文献多建议由从业人员个人缴费或从业人员与新业态企业共同缴费,理由是新业态企业对从业人员没有或只有有限的控制。但控制程度本就难以量化,而如何进行分担势必又将带来新的困难。"[①]关于平台企业缴纳保费的理由,有学者认为:"对于我国劳动法中的很多职业安全和涉及工伤类的法律,应当更多地偏向由平台企业来承担责任……这里的理论基础是,对于涉及职业安全和工伤类的法律,员工一般来说不太可能拿自己的生命安全做筹码,员工的某些冒失行为更多是因为企业的管理或考核而引起的。"[②]《实施〈中华人民共和国社会保险法〉若干规定》第九条规定:"职工(包括非全日制从业人员)在两个或者两个以上用人单位同时就业的,各用人单位应当分别为职工缴纳工伤保险费。职工发生工伤,由职工受到伤害时工作的单位依法承担工伤保险责任。"《关于实施〈工伤保险条例〉若干问题的意见》第一条规定:"职工在两个或两个以上用人单位同时就业的,各用人单位应当分别为职工缴纳工伤保险费。职工发生工伤,由职工受到伤害时其工作的单位依法承担工伤保险责任。"因此,由多个平台企业来为新业态从业人员缴费工伤保险费具备法律依据。

如果由新业态企业来缴纳工伤保险费用,缴费基数如何确定呢? 工伤保险的缴费基数通常与本单位劳动者的收入相关联,《工伤保险条例》规定:"工伤保险费的数额为本单位职工工资总额乘以单位缴费费率之积。对难以按照工资总额缴纳工伤保险费的行业,其缴纳工伤保险费的具体方式,由国务院社会保险行政部门规定。"新业态的用工关系并不像传统劳动关系那样稳定,收入的计算也较为复杂,想

---

①　李满奎,李富成.新业态从业人员职业伤害保障的权利基础和制度构建[J].人权,2021(6):70-91.

②　丁晓东.平台革命、零工经济与劳动法的新思维[J].环球法律评论,2018(4):87-98.

要准确确定在一个平台企业工作的新业态从业人员的工资总额并不容易。究竟是按照平台企业上年度工作人员的总收入,还是按照统筹地区社会就业人员年平均工资或是其他标准,需要由专业部门来认真调研并仔细计算。也有学者提出:"对于灵活就业人员,其工伤保险缴费额及其待遇可以自由选择,既可以按职工缴纳费用和享受待遇,也可选择按照城乡居民缴费和待遇标准执行,并制定'城乡居民'和'职工'工伤保险的转移衔接办法"。① 由于将新业态从业人员纳入工伤保险制度对于平台企业来说毫无疑问增加了用工成本,因此在运行前期可以由政府给予一定的补贴。

在费率方面。潍坊市劳动和社会保障局发布的《关于灵活就业人员参加工伤保险的通知》规定,按照"以支定收、收支平衡"的原则,确定灵活就业人员缴费费率按二类行业基准费率收取。《南通市灵活就业人员工作伤害保险暂行办法》则是将工作伤害保险费率暂定为 0.5%。绍兴市越城区发布的《关于在快递企业等新业态从业人员试行职业伤害保障有关事项的通知》规定,行业基准费率根据营业执照规定的行业类别确定,实行费率浮动,每年调整一次。由于新业态的不同行业之间风险差异较大,以《工伤保险行业风险分类表》为参照,有些行业可能属于一类(如直播行业),有些行业可能属于三类或四类,而一类行业工伤风险类别对应的全国工伤保险行业基准费率为该行业用人单位职工工资总额的 0.2%,四类行业则为0.9%。因此,工伤保险基准费率的确定需要综合考虑新业态各行业的风险差别,不宜一刀切。

在工伤认定方面。现行法规依据主要是《工伤保险条例》第十四、十五和十六条,包括应当认定为工伤、视同工伤、不得认定或视同工伤的三类情形。在应当认定为工伤的情形中,"三工"(工作时间、工作场所、工作原因)原则目前仍为最主要的考量因素,在具体适用中可能会存在一些问题。例如,有学者提出:"而再回归'三工'原则本身,若坚持适用工伤保险制度,实务中只能通过技术手段来克服平台用工从属性不足的法理障碍,如通过卫星定位系统确定事发地点是否在平台规划路线的合理扩展范围内,以解决工作地点的认定问题;通过平台系统后台记录确定事发时间是否在骑手上线时间内,以及其是否正在执行配送任务,以解决工作时间和工作原因的认定问题。然而这仍然存在许多漏洞,例如根据系统设置,骑手距离

---

① 陈敏."非职工"群体纳入工伤保险制度保障探析[J].政治与法律,2017(2):151-161.

交付地点一定范围内便可提前确认送达,之后若发生意外伤害,该如何证明其尚在实际工作时间之内?"①由于新业态行业具有工作地点不固定、工作时间机动的显著特征,"三工"原则在新业态从业人员的工伤认定中面临着较大的障碍。"灵活就业劳动者往往难以举证证明其固定住所、固定工作地点。面对种种情况,如何认定'上下班途中'成为司法实践中一大难点。"上海市虹口区人民法院金融审判庭法官顾飞表示:"如果机械认定,一判了之,一方面忽视了行业劳动者的实际情况,损害了骑手和公司的合法权益,另一方面也不利于新业态的发展。特殊行业从业人员'上下班途中'认定,应当根据实际情况综合考量"。②

在工作时间方面。在目前的司法实践中,外卖员接单后取餐和送餐的时间、网约车接单后接送乘客的时间基本会被认定为工作时间,至于其他的一些时间是否属于工作时间则存在争议。有调查显示,网约车司机接单时长与在线时长占比为46%,即有一半以上的时间是在路边趴活或在路上空驶。等待的时间和路上的时间不计薪,但这些时间远远超过实际工作时间。③一般认为,工作时间是劳动力与生产资料相结合的时间,是完成劳动过程的时间。但工作时间并非一个精准的概念,它具有弹性,既包括完成工作任务的时间,也包括准备工作和工作后收尾的时间;既包括劳动者连续工作的间歇时间,也包括劳动者因生理或身体需要中断工作的时间。《工伤保险条例》第十四条将在上下班途中受到非本人主要责任的交通事故或者城市轨道交通、客运轮渡、火车事故伤害的情形也认定为工伤,体现了工作时间的延展性。调查显示,新业态整体的工作时间较长,51.8%的新业态从业人员每天工作超过8小时,20.4%的新业态从业人员每天工作12小时及以上。47.9%的新业态从业人员一周7天都在工作,一周工作6天及以上的占比74.5%。在七类职业中,网约配送员的平均工作时间最长。④因此,我们在认定工作时间时,需要正确把握工作时间的正当延伸与合理扩展。有学者提出:"如果从业人员仅为一个平台服务,应当以在线时间作为工作时间。如果从业人员同时为多个平台服务,且

①　田思路,郑辰煜.平台从业者职业伤害保障的困境与模式选择:以外卖骑手为例[J].中国人力资源开发,2022(11):74-89.

②　光明网.工伤认定遇阻,外卖骑手如何证明在"上下班途中"受伤?[EB/OL].(2022-10-13)[2023-09-05].https://www.sohu.com/a/592307040_162758.

③　张成刚.共享经济平台劳动者就业及劳动关系现状——基于北京市多平台的调查研究[J].中国劳动关系学报,2018(3):61-70.

④　朱迪.新业态青年发展状况与价值诉求调查[J].人民论坛,2022(8):18-23.

其中任何一个平台的市场份额在相关市场中都不足以占据市场支配地位的,则以各自的接单时间作为工作时间,如果其中一个或以上的平台占据市场支配地位,则在这些平台中以在线时间作为工作时间,在其余平台中则以接单时间作为工作时间。"①

在工伤待遇方面。现行工伤待遇主要包括伤残待遇、工亡待遇、康复待遇和就医待遇。在理想状态下,工亡待遇、康复待遇和就医待遇新业态从业人员均应全部享有。

在伤残待遇方面,一次性伤残补助金、伤残津贴、一次性伤残就业补助金、生活护理费和辅助器具配置费用新业态从业人员均应当享有。目前,我国在伤残待遇方面存在的问题主要集中在以下两个层面,一是保留劳动关系相关待遇,比如《工伤保险条例》第三十五条:"职工因工致残被鉴定为一级至四级伤残的,保留劳动关系,退出工作岗位,享受以下待遇……"第三十六条:"职工因工致残被鉴定为五级、六级伤残的,享受以下待遇……保留与用人单位的劳动关系,由用人单位安排适当工作。难以安排工作的,由用人单位按月发给伤残津贴……"由于新业态从业人员与平台之间的用工关系与标准劳动关系存在诸多不同,双方之间存在劳动关系的观点并没有得到普遍认同,因此新业态从业人员劳动关系相关待遇的享有存在困难,但不影响其他伤残待遇的享有。当然,如果在个案中被认定为劳动关系,或者未来工伤保险与劳动关系解绑,此问题自然迎刃而解。对于新业态从业人员,是否可以增加一些待遇呢? 有学者认为:"由于在众包类平台用工中,劳务提供者与平台之间的结合程度未达到劳动关系的从属性,但又非民事关系的独立性,因此可参照劳动法律,给予此类劳务提供者一定程度的倾斜保护,包括带薪休假、加入企业养老系统,获得劳动安全保护和反歧视待遇等。"②二是本人工资的计算,无论是一次性伤残补助金还是伤残津贴,均需要以本人工资为计算依据。在标准劳动关系中,普通职工的工资一般都有工资表,计算起来较为简单。而新业态用工关系由于灵活性较强,工资的计算较为复杂,因此可以考虑设定一个统一参数,如果新业态从业人员的工资计算下来高于统一参数,则就高,如果低于统一参数,则以统一参数为标准。有学者提出:"由于从业人员工资受订单数量影响较大,其本人工资不

① 李满奎,李富成.新业态从业人员职业伤害保障的权利基础和制度构建[J].人权,2021(6):70-91.

② 张志新,殷勤.人民法院案例选(总第165辑)[M].北京:人民法院出版社,2022:241.

具有稳定性,可以考虑以统筹地区上年度全口径城镇单位就业人员平均工资标准的 60%,即最低社保缴费基数作为替代;而在一次性工亡补助金的计算上,仍应以上一年度全国城镇居民人均可支配收入为基数,以避免'同命不同价'的诘难。"① 可以说,工伤赔付标准的统一对于维护公民权利,促进社会公平具有重要意义。 "对公民而言,无论他从事什么行业,工作上带来的事故对个体造成的伤害风险是同等的,都会影响其劳动能力和再就业的能力。所以,赔付的项目应该同等,而不能根据工作行业不同,以工作时间的长短和劳动付出的多少来判定删减项目,否则会引发新的社会矛盾。"②

(四) 职业伤害保险模式具备优势

构建新业态从业人员独立的职业伤害保障制度是近年来的研究热点,在与工伤保险模式的对比下,更多学者支持职业伤害保险模式。"工伤保险制度未充分社会化是其主要缺陷,实质是工伤保险遗留的保障空白由用人单位来填补。灵活就业人员无用人单位来履行此项义务,因此职业伤害保障的制度设计就须考虑如何不遗留保障空白。其解决路径有二,一是职业伤害保险充分社会化,由基金完全承担伤害保障责任,向参保人员支付工伤工资和伤残津贴;二是要求平台企业参照用人单位保险责任履行部分保障义务。这就涉及职业伤害保障制度的定位问题,如果此项制度是完全独立于工伤保险的新设制度,那么可以一步到位实现充分社会化。"③"创设相对独立的职业伤害保障制度是目前学界较为倾向的方案,也是政府部门所支持的。职业伤害保障制度同样是社会共济的思路,作为一种创设的全新保障制度,它和现行的工伤保险制度是平行的,不存在从属关系。职业伤害保障制度的模式可以参照工伤保险制度的模式,要求从业者强制参保,但同时它也拥有更大的灵活性,在从业者的待遇水平、保障情形和经办管理等诸多方面能够更好适应平台经济下的新型雇佣关系。"④"新业态从业者的劳动保障实现的大前提是国家

---

①　李满奎,李富成.新业态从业人员职业伤害保障的权利基础和制度构建[J].人权,2021(6):70-91.

②　陈敏."非职工"群体纳入工伤保险制度保障探析[J].政治与法律,2017(2):151-160.

③　王天玉.试点的价值:平台灵活就业人员职业伤害保障的制度约束[J].中国法律评论,2021(4):51-60.

④　岳经纶,刘洋."劳"无所依:平台经济从业者劳动权益保障缺位的多重逻辑及其治理[J].武汉大学学报,2021(5):518-528.

从立法应然或司法实然的制度安排上确定新业态从业者这一'准从属劳动者'的权益保障。在这一基础上构建新业态职业伤害保障,需要合理界定新业态职业伤害保障各方主体的责任,通过职业伤害保障制度核心要素的设计及组合,实现主体责任的合理配置、制度运行的动态平衡。"①

新业态独立的职业伤害保障制度主要指职业伤害保险制度。职业伤害保险制度保障的目标群体是非标准劳动关系中的从业人员,使其在因工作遭受伤害时能够获得物质帮助与医疗救助。人力资源和社会保障部等八部门2021年发布的《新就业形态指导意见》明确提出要强化新业态的职业伤害保障。要以出行、外卖、即时配送、同城货运等行业的平台企业为重点,组织开展平台灵活就业人员职业伤害保障试点,平台企业应当按规定参加。采取政府主导、信息化引领和社会力量承办相结合的方式,建立健全职业伤害保障管理服务规范和运行机制。按照该指导意见,试点区域的平台企业必须按规定参加,具有强制性。因此,职业伤害保险从性质上看仍属于社会保险的范畴而非商业保险,其与工伤保险最大的不同在于职业伤害保险从制度设计到运行流程都将与劳动关系彻底解绑。与工伤保险相比,新业态独立的职业伤害保险制度具有以下优势。

1. 符合新业态的用工特征

新业态之"新"首先表现为工作模式的创新,即使没有固定的工作时间、工作地点也可以完成工作内容,职业伤害保险更符合新业态机动灵活的用工特征。"相比将从业者直接纳入现行的工伤保险制度中进行统筹管理,职业伤害保障制度能够以其更好的灵活性给予缺乏劳动关系的灵活就业群体基本的劳动权益保护……独立的职业伤害保障制度能够更好地在灵活性和保障性之间取得平衡。"②"从横向看,社会成员的基本风险在数字化时代依然存在,只是表现形式和程度不同……建立职业伤害保障制度,将全体就业人员纳入,使职业伤害保障权益扩展为全体劳动者的权益。"③当然,职业伤害保险发挥优势的前提是其与工伤保险是并行的两种

---

① 王增文,陈耀锋.新业态职业伤害保障制度的理论基础与制度构建[J].西安财经大学学报,2022(2):74-83.

② 岳经纶,刘洋."劳"无所依:平台经济从业者劳动权益保障缺位的多重逻辑及其治理[J].武汉大学学报,2021(5):518-528.

③ 何文炯.数字化、非正规就业与社会保障制度改革[J].社会保障评论,2020(3):15-27.

制度,而非作为工伤保险的辅助或补充,并且两者之间的保障水平、支付待遇等不能相差太多。如果将职业伤害保险视为工伤保险的补充,将商业意外事故险视为职业伤害保险的补充,不仅不符合社会保险的公平理念,不利于新业态从业者的职业安全保障,亦不利于新业态经济的发展,还有可能导致制度断裂,出现更多新问题。

2. 参保门槛更低

第九次全国职工队伍状况调查数据显示,目前我国的新业态从业人员数量达到了 8 400 多万,占全国职工总数的 21%,已成为职工队伍的重要组成部分。新就业形态从业人员主要是货车司机、网约车司机、快递员、外卖配送员等群体。以男性青壮年为主,农业户籍人员比例较高,不同行业职工学历呈现明显差别,70.7%的货车司机学历在初中及以下水平,38.0%的网约车司机学历为大专及以上,快递员、外卖配送员学历集中在高中及以下水平。[1] 由于新业态的就业门槛较低,而职业伤害保险本身又是针对新业态从业人员这一群体创设的,因此参保的门槛必然不能设置得太高。个别试点地区将年龄、职业、户籍、社保状况等作为参保的前提条件,这毫无疑问会降低新业态从业人员的参保率,与职业伤害保险制度的设立初衷相背离。"职业伤害保障制度要有开放的参保对象,覆盖范围为无稳定劳动关系的新业态从业人员等灵活就业人员,符合这一条件的劳动者均可以自愿参保,不设置职业、收入、户籍、身体状况等门槛……要探索合适的参保方式。灵活就业方式多样,以个体方式参保,参保扩面的效率相对较低。在制度建设初期,为增强示范效用,应当以劳动密集型的平台就业者为参保重点,特别是快递、外卖、网约车等大的平台,灵活就业的人数比重较大,有条件大规模参保。"[2]

构建独立的职业伤害保险制度,既不可也无法照搬现有的工伤保险制度,必然要有突破和创新,同样需要解决保费缴纳、工伤认定、工伤待遇等实际问题。在保费缴纳方面,是由平台承担全部义务,还是需要新业态从业人员自身承担一部分,

---

① 金融界.全国职工总数超4亿人! 平均年龄38.3岁,大学本科及以上学历占35.5%,新就业形态劳动者8400万人[EB/OL].(2023-02-28)[2023-09-08].https://baijiahao.baidu.com/s? id=1759042205809310046&wfr=spider&for=pc.

② 翁仁木.对新经济新业态从业人员职业伤害保障制度定位的思考[J].中国人力资源社会保障,2019(4):14-16.

抑或第三方主体(如政府、工会等)也共同分担更加合理？有学者认为:"应采取多主体筹资模式。新业态下,平台企业与从业人员之间并不是传统的雇佣关系,新业态从业人员职业伤害保险筹资方式可突破雇员无须缴费原则,平台企业、从业人员和政府共同筹资的保险原则。具体可采取不同的筹资模式:若平台企业和从业者之间联系比较紧密,即从属性较强(如全职众包骑手、专送骑手等群体),可选择"平台＋个人＋政府补贴"的缴费模式;若从业者独立性较强,雇主难以确定,可采取"个人缴费＋政府补贴"的缴费模式。"① 也有学者认为:"平台企业不同于用人单位,平台企业只负责提供一个连接消费者和从业人员的平台并收取一定的手续费用,无力承担新业态从业人员的职业伤害待遇赔付。因此要建立一个完全风险转移的新业态从业人员职业伤害保险制度,由平台企业和新业态从业人员共同缴费形成职业伤害保险基金,在新业态从业人员受伤后全部由职业伤害保险基金进行赔付。"②

新业态作为经济发展的新模式,具有多元化的特征,新业态的用工关系也具有多样性。在制定政策时,既要考虑维护新业态从业人员的合法权益,也要兼顾平台企业的承受能力,促进整个新业态经济的良性发展。新业态用工关系与传统劳动关系的差异需要被正视,以外卖配送行业为例,平台企业虽然可以通过规则和算法对骑手进行控制,但无法做到对配送全过程的精准控制。配送过程中发生的意外或突发事件,依赖于骑手自身的专注与应变。骑手在做好防护措施的情形下可以减少伤害,预防成本低于伤害结果。让平台承担全部责任,可能会降低骑手的注意义务,增加冒险行为。③ 现阶段,可以采取平台企业和从业人员共同缴纳职业伤害保险费用的方式,但在责任划分方面要有所区别,新业态从业人员承担的只能是次要责任,而不能是主要责任。因为新业态从业人员的劳动从属性只是减弱而非消失,工作过程仍然要受到平台的指挥与控制。"应当从经济依赖层面重新认识经济从属性:由于雇员连续不断地为同一雇主工作,当工作时间占其全部时间的比例足够大时,在客观上产生了依靠该雇主提供的工作谋生的法律后果,为了为雇员防范

① 白艳莉.新业态从业人员职业伤害保障体系构建研究[J].中州学刊,2022(7):80-89.
② 王增文,杨蕾.数字经济下新业态从业人员职业伤害保障的构建逻辑与路径[J].山西师大学报(社会科学版),2022(3):73-78.
③ 余飞跃.新业态从业人员职业伤害归责研究——基于汉德公式分析框架[J].社会保障评论,2022(3):81-97.

工业社会中发生的生活类风险,雇主有责任为雇员办理参保且分担保费,国家亦有责任将该雇员群体纳入强制参保的社会保险体系中去。"①

在工伤认定方面。职业伤害保险的工伤认定是沿用《工伤保险条例》的"三工"原则,还是应当设定新的标准,是一个值得探讨的问题。作为适用多年的标准,"三工"原则自有其合理性,但其机械化的缺点也一直被诟病。有学者认为:"新就业形态下劳动者工作时间碎片化,工作地点流动、离散化,工作和生活界限比较模糊,因此更难适用传统工伤认定的标准和规则。在新业态从业人员职业伤害认定中,可依据伤害和工作是否直接存在因果关系为核心要素,结合平台接单、派单记录和执法记录等信息加以认定。"②也有学者认为:"工作原因也应该包括间接因果关系。例如,在外卖配送过程中,配送员时常收到消费者'帮忙倒垃圾''顺路购买商品''取快递'等请求,拒绝则易遭到对方差评,并连锁对其劳动收入、津贴受领、派单优先权等各类福利获取产生消极后果,配送员往往难以拒绝此类请求⋯⋯平台作为终端的实际制裁者,将根据消费者评价对配送员实施真正具有威慑力的奖惩措施。因此其无法从消费者对配送员的'软性控制'中撇清干系⋯⋯因此,若配送员在提供'附加服务'过程中受到事故伤害,也应视为'履行平台服务内容'"。③

在实践中,江西省九江市推行的《灵活就业人员职业伤害保险办法(试行)》使用的工伤认定标准为:新业态新经济下的灵活就业人员,在从事的岗位上,因工作原因受到突发的、非本意的、非疾病的事故伤害。苏州市吴江区印发的《吴江区灵活就业人员职业伤害保险办法(试行)的通知》规定的工伤认定标准为:职业伤害保险参保人员在从事的职业岗位上,因工作原因受到突发的、非本意的、非疾病的事故伤害,造成身故、残疾、受伤的,均可享受职业伤害保险待遇。海南省出台的《海南省新就业形态就业人员职业伤害保障实施办法(试行)》较为详细地列举了应当认定为职业伤害的情形,包括:①在执行平台任务期间,因履行服务内容而受到事故伤害或意外伤害等;②在指定时间前往指定场所接受平台常规管理要求,或在执行平台订单任务返回日常居所的合理路线途中,受到非本人主要责任的交通事故等伤害;③在执行平台任务期间,突发疾病死亡或者在 48 小时之内经抢救无效死

---

①　娄宇.新业态从业人员专属保险的法理探微与制度构建[J].保险研究,2022(6):100-114.

②　白艳莉.新业态从业人员职业伤害保障体系构建研究[J].中州学刊,2022(7):80-89.

③　田思路,郑辰煜.平台从业者职业伤害保障的困境与模式选择:以外卖骑手为例[J].中国人力资源开发,2022(11):74-89.

亡的。

九江市与吴江区的工伤认定均强调了工作岗位和工作原因,但并未强调工作时间,在这一点上,比之"三工"原则更加宽松。海南省的试行办法则将重点放在与平台任务的关联性上,突出了"工作原因",弱化了"工作时间"和"工作场所"。新业态的工作时间较为灵活,且具有不确定性,与传统劳动关系中固定的 8 小时工作制差别明显,给工伤中工作时间的认定造成一定困难。因此,弹性化的工伤认定标准更加适合职业伤害保险。当然,职业伤害保险中工伤认定的标准也不宜过于宽松,无限扩大的后果可能会导致权力的滥用。有学者提出:"如果外卖骑手甲在送完一单后关闭平台软件,然后发生交通事故受伤,外卖骑手甲声称是在回家途中,主张获得工伤待遇,如何予以认定? 再如,外卖骑手甲自己摔伤了腿,但为获得工伤保险待遇,在某即时配送平台注册,随后制造了交通事故现场,要求平台承担用人单位责任,如何予以认定?[①]"本书认为,工伤中的"工"之因素无论在任何时代都应为判断工伤的核心,无论工作场所的扩展还是工作时间的分散皆不能脱离"工"之因素。新业态行业的特点使得在任何职业伤害保障模式下,认定工伤时都需要相应的数据依据,如平台的派单或接单记录、从业人员的行程路线、从业人员和顾客之间的聊天记录等。平台作为数据的存储和记录者,当其不能提供相应数据时,应当承担工伤赔偿的责任。

在工伤待遇方面。理想的状态是能够与工伤保险待遇基本持平,现实则是以平台的承受能力和新业态从业人员的缴费能力来看,现阶段尚无法保证与工伤保险保持同一待遇水平。九江市职业伤害参保人员可以享受的待遇包括四类:一是职业伤害住院医疗费,二是职业伤害伤残补助金,三是职业伤害住院津贴,四是职业伤害身故补助金。九江市的职业伤害保险涵盖了就医待遇、伤残待遇和工亡待遇,缺少工伤保险中的康复待遇。具体来看,与工伤保险相比,九江市规定因职业伤害导致住院产生的医疗费用,先由医疗保险报销后,政策范围内余额部分根据职业伤害保险相关标准赔付,每一参保年度以 2 万元为限;工伤保险则是只要符合工伤诊疗项目目录等标准,不仅可以报销住院医疗费用,还可以报销门诊医疗费用,且并未规定医疗费的报销上限。九江市的职业伤害伤残补助金以劳动能力鉴定的伤残等级来划分,分为一至十级,赔付标准为最高一级伤残 8 万元,最低十级伤残

---

① 王天玉.新业态就业中的"单工伤保险"[N].中国社会科学报,2021-03-31(5).

0.4万元;工伤保险的伤残补助金包括一次性伤残补助金、伤残津贴、生活护理费等项目,一次性伤残补助金的标准是:一级伤残为27个月的本人工资,十级伤残为7个月的本人工资,且当劳动者因工被鉴定为一级至四级伤残的,可以保留劳动关系,退出工作岗位。九江市职业伤害住院津贴支付标准为:住院期间按每天50元给付住院津贴补助,每一参保年度以1500元为限;工伤保险的住院津贴主要是职工住院治疗工伤的伙食补助费,以及经医疗机构出具证明,报经办机构同意,工伤职工到统筹地区以外就医所需的交通和食宿费用。九江市的职业伤害身故补助金领取条件为:参保人员受到职业伤害导致死亡,其近亲属按照规定一次性享受职业伤害身故补助金20万元;工伤保险除了包括一次性工亡补助金外,还包括丧葬补助金和供养亲属抚恤金,一次性工亡补助金标准为上一年度全国城镇居民人均可支配收入的20倍。

苏州市吴江区职业伤害参保人员可以享受的待遇包括五类,一是职业伤害医疗费,与九江市的规定相比,吴江区并未强调是住院医疗费,因此只要是在医疗机构产生的费用,无论门诊费用还是住院费用,均包含在内。医疗费用先由医疗保险报销后,余额部分在职业伤害保险中按标准赔付,每一参保年度以3万元为限,高于九江市2万元的标准。此外,吴江区还规定,要按不高于上年度结余部分5%的比例,提取职业伤害医疗费公共基金用于重残医疗救助。二是职业伤害伤残补助金,赔付标准为最高一级伤残15万元,最低十级伤残2.5万元,远超九江市的标准。三是职业伤害伤残津贴,参保人员受到职业伤害后,被鉴定为一至六级伤残的可享受此项,标准为最高一级伤残为21万元,最低六级伤残为3万元。四是职业伤害生活自理障碍补助金,参保人员受到职业伤害后,被鉴定为生活自理障碍的,按自理能力的不同,可享受职业伤害生活自理障碍补助金,标准为:生活完全不能自理的为4万元,生活大部分不能自理的为2.5万元,生活部分不能自理的为1万元。五是职业伤害身故补助金,参保人员受到职业伤害导致死亡的,其近亲属可领取职业伤害身故补助金,赔付标准为一次性支付40万元,高于九江市20万元的标准。

从目前的试点规定内容来看,职业伤害保险的待遇支付水平远低于工伤保险,保障项目也不如工伤保险项目全面。未来的职业伤害保险制度不仅要解决覆盖率的问题,而且在保障内容和待遇水平方面也要有所提升。现阶段应当重点针对新业态从业人员的职业安全保障需求,提升其最迫切需要的保障项目待遇水平。同时,将职业病纳入职业伤害认定范围,并增加职业伤害康复待遇。有学者认为:"在制度试行期,职业伤害保险应重点考虑医疗费用及基本生活保障,可将保障项目暂时确定为医疗和康复费用、生活保障费用、辅助器具费用、生活护理费用、伤残津贴、伤残补助金、死亡补助金七项。治疗职业伤害按照国家工伤保险诊疗项目目录、工伤保险药品目录、工伤保险住院服务标准执行。"[1]也有学者认为:"独立的新业态从业人员职业伤害保险制度应有合理的保险待遇标准。鉴于新业态从业人员工作灵活、缴费能力弱而职业伤害风险高的情况,新业态职业伤害保险待遇不宜参照工伤保险的保障范围和待遇水平,较为合理的保险待遇是不高于传统工伤保险的待遇水平,同时不低于商业保险待遇标准,以事故伤害医疗待遇、伤残及工亡待遇为重点保障项目,待制度成熟后可拓展到康复待遇。"[2]

其实,无论工伤保险还是职业伤害保险中的医疗(就医)待遇,都应当包括进行治疗所需的所有必要费用,此处的"治疗"是指达到治愈或痊愈的状态,即通过医疗手段使伤害得到康复,身心恢复到健康的状态。因此,职业伤害的康复费用应当包括在医疗待遇之内。当然,将两者加以区分的待遇计发方式也未尝不可,无论是在制度过渡期,还是在制度成熟期,职业伤害保险都不能将康复待遇排除在外。在实践中,《海南省新就业形态就业人员职业伤害保障实施办法(试行)》规定新业态从业人员因职业伤害发生的下列项目费用,可以从工伤保险基金的职业伤害保障支出科目列支:①医疗费用和康复费用;②安装配置伤残辅助器具所需费用;③经劳动能力鉴定机构确认为生活不能自理的,按月领取的生活护理费用;④因职业伤害死亡的,其近亲属领取的丧葬补助金、供养亲属抚恤金和一次性职业伤害死亡补助金;⑤一级至十级伤残人员的一次性伤残补助金,一级至四级伤残人员按月领取的伤残津贴;⑥五级、六级伤残人员的一次性津贴。虽然海南省实施的办法在职业伤害保障待遇部分写明职业伤害保障待遇包含医疗待遇、伤残待遇和死亡待遇,但在支出科目中将康复费用和医疗费用作为并列的一类,实际上也包含了康复待遇。

---

① 田思路,郑辰煜.平台从业者职业伤害保障的困境与模式选择:以外卖骑手为例[J].中国人力资源开发,2022(11):74-89.

② 白艳莉.新业态从业人员职业伤害保障体系构建研究[J].中州学刊,2022(7):80-89.

结　语

在信息化的大背景下,新业态从业人员已经成为经济生态的重要一环,既联接着生产者、销售者和消费者,同时也为这些主体提供着服务。新业态从业人员的职业安全保障诉求应当得到公众的正视与关注,我们需要构建新业态职业伤害保障体系并不断将其完善,这不仅是社会公平与正义的内在要求,也是社会保障法学的义务与责任。庇古曾说过,人们对于人类社会科学的基本认同是,它给予的光明从来都不太重要,恰恰是它期许的果实而非光明才真正引起我们的关注。新业态从业人员职业伤害保障的模式之争,并非简单的制度与规则之争,映射出的是社会利益的不同侧重点。我们强调对新业态从业人员的权益保护是因为作为一种较新的组织形态,法律对新业态相关职业的调整不可避免地带有滞后性,处于相对弱势地位的从业人员维护自身权益的手段有限。当然,重视新业态从业人员的职业安全保障并非要完全忽视平台企业的利益,因为平台与从业者之间不是对立关系而是共生关系。新业态职业伤害保障的法律制定、政策调整和模式选择需要以真实的需求、详实的数据、科学的路径为基础,仅仅依靠个人经验或朴素的道德感得出的结论是不可靠的,也不利于整个行业的健康发展。如此庞大的工作是任何个体都难以完成的,群策群力、集思广益、凝聚共识才是解决问题的方法。

因研究水平所限,书中观点有诸多不成熟之处。深感惭愧地同时,恳请各位学界前辈批评指正,不胜感激!